Gesellschaft deutscher Naturforscher und Ärzte

Mitgliederverzeichnis
abgeschlossen am 30. November 1925

Springer-Verlag Berlin Heidelberg GmbH

ISBN 978-3-662-33493-5   ISBN 978-3-662-33891-9 (eBook)
DOI 10.1007/978-3-662-33891-9

Satz 2 der Satzungen der G. D. N. u. Ae. lautet:

„Mitglied der Gesellschaft können alle diejenigen werden, die sich wissenschaftlich mit Naturforschung und Medizin beschäftigen. Wer sonst als Mitglied eintreten will, erlangt die Aufnahmegenehmigung durch die Empfehlung eines Ausschußmitgliedes."

Der Jahresbeitrag beträgt zurzeit M. 5.— (für Österreicher und deutsche Mitglieder in den Nachfolgestaaten ö. Schilling 5.—). Anmeldungen neuer Mitglieder sind zu richten an die Geschäftsstelle der Gesellschaft, Leipzig, Felixstraße 3.

Alle Zahlungen sind zu richten auf das Postscheckkonto: Berlin 43 734 der Chemie - Treuhand - Gesellschaft m. b. H., Berlin W 10, Sigismundstr. 3, oder auf deren Konto bei der Deutschen Bank Berlin Dep.-Kasse C, Berlin W 9, Potsdamer Str. 127/128.

Verbesserungen für dieses Verzeichnis wolle man der Geschäftsstelle mitteilen.

Anschrift der Geschäftsstelle: Leipzig, Felixstr. 3, I.

Gesellschaft deutscher Naturforscher und Ärzte.

Vorstand der Gesellschaft für 1925/26:

I. **Vorsitzende:**
   Prof. Dr. von Dyck, München, Hildegardstr. 5, III.
   Prof. Dr. von Eiselsberg, Wien I, Mölkerbastei 5.
   Prof. Dr. Fitting, Bonn, Poppelsdorfer Schloß.

II. **Vorstandsmitglieder:**
   Prof. Dr. R. Willstätter, München, Arcisstr. 1.
   Prof. Dr. Bonhöffer, Berlin - Grunewald, Wangenheimerstr. 14.
   Prof. Dr. E. von Brücke, Innsbruck, Schöpfstr. 41.
   Prof. Dr. zur Strassen, Frankfurt a. M., Varrentrappstraße 65.
   Prof. Dr. Spemann, Freiburg i. Br., Goethestr. 52.
   Prof. Dr. Sauerbruch, München, Theresienhöhe Nr. 3.

III. **Schatzmeister:**
   Prof. Dr. C. Duisberg, Leverkusen b. Köln a. Rh.

IV. **Die Geschäftsführer:**
   a) der 88. Versammlung:
   Prof. Dr. von Schweidler, Innsbruck, Schöpfstr. 41.
   Prof. Dr. von Haberer, Graz, Chir. Univ.-Klinik.

   b) der 89. Versammlung:
   Prof. Dr. Schloßmann, Düsseldorf, Oststr. 15.
   Prof. Dr. Körber, Düsseldorf, Kaiserswerther Str. 164.

V. **Geschäftsführender Sekretär:**
   Prof. Dr. Rassow, Leipzig, Gustav-Adolf-Str. 12.

   Sekretär der medizinischen Hauptgruppe:
   Prof. Dr. Huebschmann, Düsseldorf, Kronprinzenstraße 49.

Redakteur der „Mitteilungen":
Dr. Arnold Berliner, Berlin W 9, Linkstr. 23/24.

Archivar:
Prof. Dr. Sudhoff, Leipzig, Talstr. 38.

VI. **Vorsitzender der naturwissenschaftlichen Hauptgruppe:**
Prof. Dr. Zenneck, München, Gedonstr. 6, III.

Stellvertreter:
Prof. Dr. Penck, Berlin W 15, Knesebeckstr. 48.

Vorsitzender der medizinischen Hauptgruppe:
Prof. Dr. Morawitz, Würzburg, Luitpold-Krankenh.

Stellvertreter:
Prof. Dr. M. Hahn, Berlin NW 7, Dorotheenstr. 28a.

Wissenschaftlicher Ausschuß 1925/26:

A. **Die Mitglieder des Vorstandes** (wie oben).
B. **Gewählte Mitglieder.**

a) der naturwissenschaftlichen Hauptgruppe:

Ende 1926 ausscheidend:
Prof. Dr. Engel, Gießen, Ludwigsplatz 9.
Prof. Dr. Einstein, Berlin NW 7, Unter den Linden 38, Akad. d. Wissenschaft.
Prof. Dr. Schlenk, Berlin N 4, Hessische Str. 1.
Prof. Dr. Tacke, Bremen, Moorversuchsstat.
Prof. Dr. Linck, Jena, Wildestr. 16.
Prof. Dr. Penck, Berlin W 15, Knesebeckstr. 48.

Ende 1928 ausscheidend:
Prof. Dr. Bieberbach, Bln.-Schmargendorf, Marienbader Str. 9.
Prof. Dr. O. Hahn, Berlin-Dahlem, Ladenbergstr. 5.
Prof. Dr. Zenneck, München, Gedonstr. 6.
Prof. Dr. E. Meyer, Zürich, Rämistr. 69.

Prof. Dr. Frank, Göttingen, Baurat-Gerber-Str. 19.
Prof. Dr. Sommerfeld, München, Leopoldstr. 87.
Prof. Dr. Meisenheimer, Leipzig, Talstr. 33.
Prof. Dr. Abel, Wien XIII/2, Janullgasse 2.
Prof. Dr. Hase, Berlin - Dahlem, Königin - Luise-Straße 19.
Prof. Dr. Klebelsberg, Innsbruck, Franz-Josef-Str. 5.
Prof. Dr. Hartmann, Berlin - Dahlem, Kais.-Wilh.-Institut f. Biologie.

Ende 1930 ausscheidend:

Prof. Dr. Caratheodory, München, Amalienstr. 4.
Prof. Dr. Wieland, München, Arcisstr. 1.
Prof. Dr. Winkler, Hamburg, Woldsenweg 12.
Prof. Dr. Becke, Wien I, Universitätsplatz 2.
Prof. Dr. Sölch, Innsbruck, Schillerstr. 13.
Prof. Dr. Koßmat, Leipzig, Simsonstr. 2.
Prof. Dr. Kühn, Göttingen, Prinz-Albrecht-Str. 24.
Stud.-Dir. Dr. Körner, Windhuk/Südwestafrika, Postfach 78.

b) der medizinischen Hauptgruppe:

Ende 1926 ausscheidend:

Prof. Dr. von Eicken, Berlin NW 6, Charité II.
Prof. Dr. Gros, Kiel, Beselerstr. 54.
Prof. Dr. Jores, Kiel, Düppelstr. 25.
Prof. Dr. Schmieden, Sachsenhausen-Frankfurt a. M., Städt. Krankenhaus.
Prof. Dr. Römer, Leipzig, Nürnberger Str. 57.
Prof. Dr. Schieck, Halle a. S., Robert-Franz-Str. 12.
Prof. Dr. Voit, Gießen, Universität.
Prof. Dr. Zangemeister, Marburg i. H., Bismarckstraße.

Ende 1928 ausscheidend:

Prof. Dr. Diepgen, Freiburg i. Br., Universität.
Prof. Dr. Durig, Wien, Physiol. Inst. d. Univ.
Prof. Dr. Hahn, Berlin NW 7, Dorotheenstr. 28a.
Prof. Dr. Ibrahim, Jena, Kasernenstr. 10.

Prof. Dr. Morawitz, Würzburg, Luitpold-Krankenhaus.
Prof. Dr. Rößle, Basel, Patholog. Anatom. Anstalt.
Prof. Dr. Spiro, Basel, Pharmakolog. Inst.

Ende 1930 ausscheidend:

Prof. Dr. Driesch, Leipzig, Zöllnerstr. 1.
Prof. Dr. Bloch, Zürich, Universität.
Prof. Dr. Brauer, Hamburg - Eppendorf, Martinistraße 56.
Prof. Dr. Höber, Kiel, Physiolog. Institut.
Prof. Dr. K. Meyer, Innsbruck, Univ.-Nervenklinik.
Prof. Dr. Fischer, Frankfurt a. M., Niederräder Landstr. 36.
Prof. Dr. Brückner, Basel, Wettsteinallee 31.
Prof. Dr. Gildemeister, Leipzig, Liebigstr. 16.
Prof. Dr. Schmidt, Leipzig, Österreichische Str. 55.

C. Die früheren Vorsitzenden der Gesellschaft:

Prof. Dr. Rich. von Hertwig, München, Schackstraße 3, III.
Prof. Dr. O. Heubner, Dresden-Loschwitz, Viktoriastraße 36.
Prof. Dr. von Wettstein, Wien III, Rennweg 14.
Prof. Dr. M. Rubner, Bln.-Lichterfelde-West, Dahlemer Str. 69.
Prof. Dr. W. Wien, München, Physik. Inst. d. Univ.
Prof. Dr. von Frey, Würzburg, Physiolog. Institut.
Prof. Dr. Heider, Berlin W 15, Schaperstr. 15.
Prof. Dr. H. H. Meyer, Wien XIX, Karl-Ludwig-Straße 69.
Prof. Dr. Fr. von Müller, München, Bavariaring 49.
Prof. Dr. M. Planck, Berlin - Grunewald, Wangenheimstr. 21.
Prof. Dr. W. His, Berlin-Grunewald, Caspar-Theyß-Straße 7.

Sonstige Ausschüsse:

Ausschuß für die Geschichte der Gesellschaft:

Vorsitzender und zugleich Archivar der Gesellschaft:
Prof. Dr. Sudhoff, Leipzig, Talstr. 38.

Vertreter im Vorstandsrat des Deutschen Musums zu München:
Prof. Dr. Fr. von Müller, München, Bavariaring 49.

Geschäftsleitung der 89. Versammlung Deutscher Naturforscher und Ärzte in Düsseldorf 1926.

1. Geschäftsführer:

Geheimer Medizinalrat Professor Dr. Arthur Schloßmann.

Vertreter:

Geheimer Medizinalrat Professor Dr. August Hoffmann.

2. Geschäftsführer:

Professor Dr. Körber, Direktor des Kaiser-Wilhelm-Instituts für Eisenforschung.

Vertreter:

Dr. Aulmann, Direktor des Löbbecke-Museums und des Zoologischen Gartens.

Schriftführer:

Dr. Kurt Fleischhauer, leitender Arzt der inneren Abteilung am Krankenhaus d. Dominikanerinnen.
Studienrat Dr. Rein, Leiter der Zweigstelle Düsseldorf für Rheinland und Westfalen der staatlichen Hauptstelle für den naturwissenschaftlichen Unterricht.

Schatzmeister:

Dr. Wuppermann, Direktor der Deutschen Bank.

Vertreter:

Dr. Vogt, Direktor der städtischen Sparkasse.

Beisitzer:

Oberbürgermeister Dr. Lehr.
Beigeordneter Dr. Thelemann.
Professor Dr. Huebschmann, Direktor des pathologischen Instituts.
Stadtverordneter Dr. Ing. Petersen, Geschäftsführer des Vereins Deutscher Eisenhüttenleute.
Professor Dr. Oertel, Direktor der Akademischen Ohrenklinik.
Dr. Schüller, leitender Arzt der inneren Abteilung des Rather Krankenhauses, Düsseldorf, Hohenzollernstr. 22.
Geh. Regierungsrat Professor Dr. Wüst, Direktor a. D. des Kaiser-Wilhelm-Instituts für Eisenforschung, Düsseldorf.
Geh. Regierungsrat Professor Dr. Fitting, Bonn-Poppelsdorf.
Geh. Medizinalrat Professor Dr. Tilmann, Köln.

Anschrift der Geschäftsstelle der 89. Versammlung: Düsseldorf, Oststraße 15.

Mitglieder
der Gesellschaft deutscher Naturforscher und Ärzte

Abderhalden, Emil, Geh. Med.-Rat Prof. Dr. med., Halle (Saale), Kaiserplatz 5.
Abel, Othenio, Prof. Dr., Wien XIII/2, Jenullgasse 2.
Abels, Hans, Dr., Wien XVIII, Sternwartestr. 33.
Achelis, J. D., Dr. med., Leipzig, Fockestr. 51, III.
Ackermann, Dankwart, Prof. Dr. med., Würzburg, Pleicherring 9.
Ackermann-Teubner, Alfr., Hofrat Dr., Verlagsbuchhdl., Leipzig, Poststr. 3—5.
Adam, C., Dr., Augenarzt, Berlin W 15, Joachimsthaler Straße 37.
Adam, Jul., Dr. med., Hamburg-St. Pauli, Wilhelminenstraße 56.
Adams, Sanitätsrat Dr., Andernach.
Addicks, Henry, Dr., Zahnarzt, Hannover, Schiffgraben 24.
Adelsberger, Lucie, Dr. med., Berlin SW 68, Alte Jakobstraße 33, Waisenhaus.
Adler, Dr., Leipzig, Straße d. 18. Oktober 13, ptr.
Adler, Eugen, Dr., Zahnarzt, Hindenburg/Oberschles.
Adolf, Mona, Frau Dr. med., Wien I, Falkestr. 3.
Agrikulturchemische Versuchsstation, Kiel, s. Vorsteher Dr. H. Wehnert.
Ahlers, Dr., Karlsruhe i. B., Eisenlohrstr. 18.
Ahlfeld, Friedrich, Geh. Med.-Rat Prof. Dr., Marburg, Roserstr. 24½.
Ahn, Albert, Kommerzienrat Dr. jur., Bonn, Dechenstr. 8.
Ahrent, Fritz, Dr. med., Düsseldorf, Bismarckstr. 9.
Aickelin, H., Dr., Ludwigshafen a. Rh. 4, Gartenweg 8, i. Fa. Bad. Anilin- u. Sodafabrik.
Akerlund, Ake, Dr., Oeverläkare vid Maria Sjukhus Röntgenavdelning, Stockholm.
Albert, Adolf, Dr., leit. Arzt, Sanatorium Ebersteinburg b. Baden-Baden.

Albert, August, Dr., Privatdozent, München, Elisabethstraße 46.
Albert, Paul, Dr. phil., Apothekenbesitzer, Rheine/W., Hörsteler Str. 5.
Albert, Robert, Prof. Dr phil., Eberswalde, Brunnenstr. 10.
Albert, Walter, Prof. Dr. med., Frauenarzt, dirig. Arzt am Stadtkrankenh. Dresden-A., Bernhardstr. 94.
Albrecht, Dr. med., Düsseldorf, Lindemannstr. 45.
Albrecht, Ottmar, Dr., Primärarzt, Facharzt für Neurologie u. Psychiatrie, Wien VIII, Josefstädter Straße 43.
Albrecht, Ed. W., Chemiker, Fabrikdirektor, Pirna a. E., Reitbahnstr. 9.
Alexander, Alfred, Dr., Spez.-Arzt für Magen- u. Darmkrankheiten, Berlin W 15, Kaiserallee 220.
Alexander-Katz, Bruno, Dr., Patentanwalt, Berlin SW, Wilhelmstr. 139, u. Görlitz, Bismarckstr. 11.
Allendorf, Fr., Dr. med., Baden-Baden, Ludwig-Wilhelm-Straße 8.
Allers, H., Dr. med., Lehre/Braunschweig.
Allgemeiner Knappschaftsverein, Bochum.
Alsberg, Adolf, Sanitätsrat Dr. med., Cassel, Spohrstr. 2.
Alt, Hermann, Dr. ing., Prof. a. d. Techn. Hochschule, Klotzsche b. Dresden, Georgstr. 12.
Altenkirch, Edmund, Altlandsberg-Süd, Post Fredersdorf (Ostbahn).
Alter, Wilh., Geh. Reg.-Rat, Med.-Rat, Dr., Dir. d. Landes-Heil- u. Pflegeanstalt Düsseldorf, Moorenstr. 5.
Altschul, Jul., Dr. phil., Berlin SW, Hafenplatz 10.
Amberg, Rich., Dr. ing., Teilhaber der Fa. Alb. Lessing, Fabrik von Elektroden und galvan. Kohlen, Nürnberg, Keßlerplatz 1.
Ambronn, Hermann, Prof. Dr. phil., Jena, Carl-Zeiß-Straße 13.
Amrhein, Dr., Medizinalrat, Alzey/Rheinhessen.
Anderlohr, Max, Direktor, Erlangen, Auf dem Berg 15.
Anders, Kurt, Dr., Oppeln, Malapanerstr. 46.
Anders, Walter, Beuthen/Oberschles., Parkstr. 3.
Andrée, Karl, Prof. Dr. phil., Königsberg/Pr., Brahmsstraße 19, I r.
Angenete, Hermann, Kreis-Med.-Rat Dr., Herford i. W., Kurfürstenstr. 6.

Angenheister, Prof. Dr., Göttingen, Theaterplatz 6.
Anschütz, Rich., Geh. Reg.-Rat Prof. Dr. phil., Bonn, Meckenheimer Allee 98.
Ansel, E. A., Prof. Dr., Freiburg i. Br., St. Georgen.
Anton, Gabriel, Geh. Med.-Rat Prof. Dr., Halle a. S., Julius-Kühne-Straße 6a.
Antrick, Otto, Gen.-Dir., Dr. phil., Westend-Berlin, Ahornallee 25.
Antropoff, von, A., Prof. Dr., Bonn a. Rh., Schumannstr. 102.
Appl, Johann, Ing., Brünn/Tschech.-Slow., Lehmstätte 28a.
Archenhold, F. S., Dr., Dir. der Sternwarte, Treptow b. Berlin.
Arenfeld, Th., Geh. Hofrat Prof. Dr., Freiburg i. Br.
Arldt, Th., Prof. Dr., Radeberg, Badstr. 13.
Arlt, Dr., Bergrat, Bonn.
Arndt, Georg, Prof. Dr. med., Berlin W 30, Bamberger Straße 16.
Arndt, Walter, Dr. med. et. phil., Berlin, Zoolog. Museum, Invalidenstr. 43.
Arneth, Jos., Prof. Dr., dirig. Arzt d. inn. Abt. d. städt. Krankenhauses Münster i. W., Pinsalee 21.
Arning, Eduard, Prof. Dr., Oberarzt, Hamburg 36, Klopstockstraße 18.
Arnold, Arno, Dr. med., Leipzig, Talstr. 10 II.
Arnold, Arthur, Dr. med., Leipzig, Hauptzollamtsstr. 3 II.
Arnoldi, H., Dr., Mühldorf a. Inn.
Arnsperger, Hans, Prof. Dr. med., Dresden-A., Carolastr. 9.
Arnstein, Eduard, Dr. med., Frauenarzt, Teplitz-Schönau, Prager Straße 5.
Aronsohn, Dr., prakt. Arzt, Lübtheen/Mecklbg.
Asbrand, C., Dr., Bergakademie Clausthal.
Asch, Robert, Geh. San.-Rat Prof. Dr., Breslau V, Gartenstraße 9.
Aschaffenburg, Gustav, Prof. Dr. med., Köln a. Rh.-Lindenthal, Stadtwaldgürtel 30.
Ascher, Karl, Dozent, Dr., Prag, Deutsche Universität.
Ascher, Ludwig, Kreismed.-Rat Dr., Frankfurt a. M., Liebigstr. 27c.
Ascher, Walter, Dr. phil., Schöneberg, Barbarossastr. 42.
Aschner, B., Priv.-Doz., Dr., Wien VII, Neubaugasse 2.

Aschoff, Ludwig, Geh. Hofrat, Prof. Dr. med., Freiburg i. Br., Tivolistr. 11.
Asher, Leon, Prof. Dr. med., Bern/Schweiz, Optingerstraße 18/1.
Askanazy, Max, Prof. Dr. med., Genf, Patholog. Inst., 16, rue de Candotte.
Assinger, Ludwig, Kommerzialrat, Wien 13, Winkelmannstraße 34.
Atzler, E., Prof. Dr. med., Berlin NO, Invalidenstr. 103 (Kaiser-Wilhelm-Institut f. Arbeitsphys.).
Augst, Johann, Dr., Zahnarzt, Troppau/C. S. R., Sperrgasse 4.
Aurnhammer, Albert, San.-Rat Dr., Augsburg, Dompl. C. 54.
Auwers, von, Dr., Marburg i. H., Chem. Univ.-Lab.
Avé-Lallement, Erich, Reg.-Chemiker, Gautzsch b. Leipzig, Ring 50 II.
Axhausen, Georg, Prof. Dr., Berlin NW 23, Klopstockstr. 7.
Axenfeld, Theodor, Geh. Hofrat, Prof. Dr. med., Freiburg i. Br., Schwaighofstr. 11.

Bach, Heinrich, Dr. med., Leipzig, Marienstr. 20.
Bachfeld, E., Dr., Fabrikant, Frankfurt a. M., Königsteiner Straße 48.
Bachmann, W., Priv.-Doz., Dr., Seelze b. Hannover.
Backhaus, Alex, Lehrgutsbesitzer, Geh. Reg.-Rat Prof. Dr., Bollhagen b. Doberan/Mecklbg.
Backlund, G. Helge, Prof. Dr., Mineral.-geol. Inst. d. Universität Abo/Finnland.
Bacmeister, Adolf, Prof. Dr. med., St. Blasien/Baden, Sanatorium.
Bade, Peter, Dr. med., Hannover, Sedanstr. 60.
Badische Landwirtschaftl. Versuchsanstalt Augustenberg, siehe Prof. Dr. Mach.
Baege, Prof. Dr., Nürnberg, Glockenhofstr. 16 II.
Bähr, Ferd., San.-Rat Dr. med., Karlsruhe i. B., Bauwald-Allee 48.
Baer, Isidor, Dr. med., Wiesbaden, Bierstadterstr. 4.
Baerwald, Hans, Dr., Darmstadt, Physikal. Inst., Olbrichweg 16.
Bässler, A. Friedrich, Studienrat, Dr., Dresden-A. 16, Wintergartenstr. 60 I.

Bäumler, Ch., Exzellenz, Wirkl. Geh. Rat Prof. Dr., Freiburg i. Br., Josefstr. 7.
Bahn, Otto, Chemiker, Bad Doberan/Mecklbg.
Bahr, Hermann, A., Priv.-Doz., Dr., Clausthal i. H., Bergakademie.
Bahrdt, Hans, Prof. Dr. med., dir. Arzt d. städt. Säuglingsheims, Dresden-A., Wiener Platz 2.
Baldrian, Adolf, Dr., Unterlangendorf b. Mähr.-Neustadt (Tschecho-Slowakei).
Baldus, K., Dr., Heidelberg-Hildesheim, Klausenpfad 20.
Balss, Heinr., Dr., Conservator d. zool. Staatssammlung, München.
Bambach, Adolf, Dr., Chemiker, Frankfurt a. M., Haufstr. 7.
Baràng, Robert, Prof. Dr. med., Upsala/Schweden, Univers.
Bardenheuer, Franz, San.-Rat Dr., Chefarzt d. Elisabeth-Krankenhauses, Bochum.
Barrenscheen, H. K., Priv.-Doz., Dr., Wien IX/3, Med.-chem. Inst., Allgem. Krankenhaus.
Barteczko, Paul, Dr., Berlin W 57, Bülowstr. 88.
Bartels, J., Dr., Potsdam, Meteor. Magnet. Observ.
Barth, Adolf, Prof. Dr. med., Leipzig-Stötteritz, Ludolf-Colditz-Straße 38.
Barth, Fritz, Dr. med., Marburg a. d. Lahn, Chir. Univ.-Klinik.
Barth, Karl, Dr., Bad Nauheim, Ludwigstr. 13.
Barthel, Karl, San.-Rat Dr. med., Breslau XIII, Hohenzollernstr. 76.
Basler, Adolf, Prof. Dr. med., Philippsburg/Baden.
Bauch, Prof. Dr., Dresden, Fürstenstr. 26 II.
Bauchwitz, Max, Dr., Zahnarzt, Stettin, Am Königstor 8.
Bauer, Alfred, Dr., Badearzt, Solbad Rothenfelde/Teutoburger Wald.
Bauer, Hans, cand. med., Weilburg, Limburger Straße.
Bauer, Hugo, Dr., Frankfurt a. M., Kettenhofweg 70.
Bauer, Hugo, Prof. Dr. phil., Stuttgart, Alexanderstr. 96 I.
Bauer, Julius, Doz., Dr., Wien IX, Mariannengasse 15.
Bauer, von, Victor Ritter, Dr., Wien I, Babenberger Str. 9.
Bauereisen, Prof. Dr., Magdeburg, Fürst-Leopold-Str. 6.
Baumbach, Dr. med., Duisburg, Realschulstr. 52.
Baumgardt, Dr., Danzig, Holzmarkt 17.
Baumgarten, Dr. med., Düsseldorf-Unterrath, Kürtenstr. 81.

Baumgarten, Dr., Halle a. Saale, Alte Promenade 30.
Baumgarten, Prof. Dr., Hagen i. W., Chefarzt d. Krankenh.
Baur, Dr., München, Liebigstr. 39.
Baur, Emil, Dr. med., Facharzt f. Chirurgie, Ebingen, Oberamt Balingen (Württbg.), Kirchgrabenstraße.
Baur, Franz, Dr. phil., Vorstand der Wetter- u. Sonnenwarte St. Blasien, Haus Bergemann.
Bausch, Wilhelm, Dr. med., Gießen, Nervenheilstätte.
Bavink, B., Prof. Dr., Bielefeld, Kastanienstr. 14.
Baeyer, von, Prof., Heidelberg, Ziegelhäuserlstr. 7.
Bayerische Landesstelle für Gewässerkunde, siehe Dr. ing. Ministerialrat J. v. Hensel, München.
Bayerische Landeswetterwarte München, siehe Prof. Dr. Schmauß.
Bebber, van, Rob., Dr., Mülheim a. d. Ruhr, Adolfstr.
Bechhold, Heinr., Prof. Dr., Frankfurt a. M., Niederräder Landstraße 26.
Becht, Dr., Bremen, Wallstr. 148 I.
Bechtolsheim, von, Clemens, Freiherr, Ing., München, Maria-Theresia-Straße 27.
Beck, Alfred, Dr. med. vet., Leipzig, Linnéstr. 11.
Beck, von, Bernhard, Hofrat, Prof. Dr., Dir. d. städt. Krankenhauses, Karlsruhe i. B., Moltkestr. 6a.
Beck, Heinz, Dr. med., Berlin-Dahlem, Fabeckstr. 44.
Beck, O., Priv.-Doz., Dr., Frankfurt a. M., Friedrichsheim.
Beck, Soma, Prof. Dr., Pècs, Dermatolog. Univ.-Klinik, Ungarn, Attila utca 14.
Beckè, Arthur, Dr. med., Hannover, Bödeckerstr. 63 II.
Becke, Friedr., Prof. Dr., Wien I, Universitätsplatz 2.
Becker, F., Prof. Dr., Prag VII/Tschech.-Slow., Rohangasse 6.
Becker, Adolf, Prof. Dr., Chefarzt der Hann. Kinderheilanstalt, Hannover, Königstr. 30 I.
Becker, Erich, Dr. med., Dir. d. städt. Krankenhauses, Naumburg a. Saale.
Becker, G. A., Dr. ing., Berlin NW 7, Neue Wilhelmstr. 4/5.
Becker, Josef, Prof., Karlsbad/Böhmen, Nr. 1134.
Becker, Walter, Dr., Leipzig, Sternwartenstr. 71.
Becker, Walther, Dr., Cassel, Lutherst. 5.
Becker-Hubel, Victor, Dr., Zürich 7, Titlisstr. 29.

Becker-Steidel, M., D. D. C., Berlin-Grunewald, Joseph-Joachim-Straße 24.
Beckers, Wilh., Sterkrade.
Beckmann, Bruno, Dr. phil., Chemiker, Wilmersdorf, Nassauische Straße 45.
Beckmann, H., Dr., Berlin SW 11, Akkumulatorenfabrik A.-G.
Beckmann, Lothar, cand. chem., Freiburg i. Br., Albrechtstraße 4.
Beckurts, Heinrich, Geh. Ober-Med.-Rat, Prof. Dr., Braunschweig, Fallerslebertorwall.
Bedö, Emerich, Dr., Kinderarzt, Szeged/Ungarn.
Beer, Arthur, Neubabelsberg, Bergstr. 5.
Beerholdt, Reg.-Med.-Rat Dr., Leipzig, Dessauer Str. 16.
Beesten, von, A. H., Dr., Scherfede i. W.
Behnstedt, Hans, Dr. med., Crostitz-Hohenleina, Kreis Delitzsch.
Behr, Johannes, Studienrat, Leipzig-Connewitz, Windscheidstraße 37 I.
Behrend, Robert, Geh. Reg.-Rat Prof. Dr., Hannover, Herrenhäuser Kirchweg 20.
Behrends, Karl, Dr. med., Charlottenburg 2, Fasanenstr. 10.
Behrendt, Hans, Dr., Marburg, Univ.-Kinderklinik.
Bein, S., Gerichtschemiker, Dr., Berlin SW 11, Königgrätzer Straße 43.
Beinert, Zahnarzt, Hamburg 5, Steindamm 54.
Beißenhirtz, Rudolf, Apotheker u. Med.-Rat, Lage/Lippe.
Beitter, Alb., Dr., Vorsteher d. städt. chem. Unters.-Amts, Göppingen.
Beitzke, Herm., Prof. Dr. med., Graz, Waldgasse 28.
Beleites, Carl, San.-Rat Dr., Halle a. S., Cecilienstr. 3.
Beltz, Ludwig, Prof. Dr., Köln a. Rh., Zülpicher Str. 47.
Ben Israel, Leopold, San.-Rat Dr. med., Aachen, Holzgraben 11.
Benckiser, Alfons, Geh. Hofrat, Chefarzt, Dr. med., Karlsruhe, Stephanienstr. 68.
Benda, Carl, Geh. San.-Rat Prof. Dr. med., Berlin NW 40, Kronprinzenufer 30.
Benedek, Ladislaus, Prof. Dr., Debrecen/Ungarn, Nervenklinik.
Benedek, Tibor, Dr. med., Leipzig, Emilienstr. 2.

Beneke, Rudolf, Geh. Med.-Rat Prof. Dr., Halle a. S., Friedenstraße.
Benndorf, Hans, Dr. o. ö. Prof. der Physik, Graz, Physikal. Inst. d. Univ.
Benning, Dr., Bremen, Sanatorium Brockwinkel.
Bens, Ludwig, Generalveterinär a. D., Breslau 5, Telegraphenstraße 7.
Benzian, Rudolf, Dr. chem., Hamburg, Hohe Bleichen 35.
Berberich, Joseph, Dr. med., Frankfurt a. M., Patholog. Inst. d. Univ.
Berek, Max, Dr. phil., wiss. Mitarbeiter in d. Opt. Werken von E. Leitz, Wetzlar, Wühlgrabenstr. 5.
Berg, Dr. med., Düsseldorf, Gneisenaustr. 28a.
Berg, Georg, San.-Rat Dr. med., Frankfurt a. M., Kaiserstraße 58.
Berg, von, Hans, Dr., Leipzig-Reudnitz, Crusiusstr. 9.
Berg, Otto, Dr., Berlin-Grunewald, Königsweg 132.
Bergelt, A., Studienrat, Leipzig, Kronprinzstr. 19 III.
Berger, Dr., Brünen b. Wesel/Niederrh.
Berger, Bruno, Dr. med., Mährisch-Ostrau/Tschech.-Slow.
Berger, E., Dr., Berlin N., Jöhrenstr. 2, Inst. f. Infektionskrankh. Robert Koch.
Berger, Hans, Prof. Dr., Jena, Oberer Philosophenweg 5.
Berger, Paul, Studienrat, Dr., Oberhausen.
Bergius, Friedrich, Gen.-Dir., Dr., Heidelberg, Albert-Ueberlee-Straße 5.
Bergmann, Franz, Fabrikant, Berlin NW 6, Luisenstraße 45.
Bergmann, von, Gustav, Prof. Dr., Dir. d. mediz. Klinik d. Univ. Frankfurt a. M., Eschenbachstraße.
Bergmann, Max, Prof. Dr., Dresden, Wielandstr. 2.
Bergmann, Willy, Dr. phil., Frankfurt a. M. - Niederrad, Bruchfeldstr. 14.
Bering, Friedrich, Prof. Dr., Essen, Goethestr. 112.
Berl, E., Prof. Dr. ing., Darmstadt, Wilhelmstr. 40.
Berliner, A., Dr., Berlin W 35, Lützowstr. 63.
Bernays, P., Prof. Dr., Göttingen, Nikolausbergerweg 43.
Bernfeld, J., Dr. med. et phil., i. Fa. Bernfeld & Co., Leipzig-Plagwitz.
Bernhard, M., Veterinärrat, Ranis, Kr. Ziegenrück.

Bernhardt, Herm., Dr., Berlin NW 6, Charité, I. med. Klinik.
Bernheim-Karrer, Prof. Dr., Zürich II, Gartenstr. 36.
Bernheimer, Walter E., Dr., Ass. d. Univ.-Sternwarte, Wien I, Operngasse 4.
Bernstein, Felix, Prof. Dr., Göttingen, Lotzestr. 33.
Bernthsen, A., Geh. Hofrat Prof. Dr., Heidelberg, Kronprinzenstraße 12.
Berten, Jakob, Prof. Dr. med., München, Pettenkoferstr. 2.
Berth, Heinrich, Fabrikant, Jena, Weinbergstr. 2.
Bertram, P., Dr. phil., Dir. d. Deleg. d. v. Salp.-Prod., Charlottenburg, Uhlandstr. 188.
Beschke, Erich, Prof. Dr. phil., i. Fa. Thurm & Beschke, Lacke für Industrie, Magdeburg.
Besdziek, Felix, San.-Rat Dr. med., Jauer i. Schles.
Besold, Gust., Dr. med., Badenweiler, Kurplatz 4.
Bessau, Prof. Dr., Leipzig, Bismarckstr. 17.
Betz, Wilh., Dr. phil., Berlin NW 23, Händelstr. 11.
Bettinger, Wilhelm, Dr., leitender Arzt a. Kurkrankenhaus Höhenschwand, St. Blasien/Baden.
Bettmann, Isidor, Dr. med., Leipzig, Dittrichring 20a.
Bettmann, Siegfr., Prof. Dr. med., Heidelberg, Kronprinzenstraße 14.
Beyer, Arthur, Dr. ing., Bitterfeld, Ignaz-Stroof-Straße 7.
Biechele, Karl, Dr., Eichstätt, Marktplatz 136.
Bickenbach, Otto, San.-Rat Dr. med., Simmern/Hunsrück.
Bieber, Annemarie, Dr., Berlin W 30, Stübbenstr. 13.
Bieberbach, L., Prof. Dr., Berlin-Schmargendorf, Marienbader Straße 9.
Biedermann, Dipl. ing., Dr. chem., Winterthur/Schweiz.
Biedermann, Dr. med., Leipzig, Breitkopfstr. 26.
Bieling, Kurt, San.-Rat Dr., Friedrichroda, Waldsanatorium Tannenhof.
Bielschowsky, Emil, San.-Rat Dr. med., Breslau, Moritzstraße 2.
Bienert, Hildegard, Frl., Dr., Leipzig, Frauenklinik.
Bier, August, Geh. Med.-Rat Prof. Dr., Berlin NW, Lessingstraße 1.
Bier, Johannes, Stud.-Rat Dr., Leipzig, Hardenbergstr. 43.
Bierbaum, Dr. med., Leipzig, Zweinaundorfer Str. 34a.
Biesalski, Konrad, Prof. Dr. med., Berlin W 62, Bayreuther Straße 13.

Biltz, M., Dr., Berlin W 30, Lindauer Str. 4—5.
Biltz, W., Prof. Dr., Hannover, Herrenhäuser Kirchweg 17.
Binz, A., Prof. Dr., Berlin NW 23, Klopstockstr. 51.
Birch-Hirschfeld, A., Prof. Dr. med., Dir. der Univ.-Augenklinik Königsberg i. Pr., Lisztstr. 4.
Bircher-Benner, Dr. med., Zürich 7, Keltenstr. 48.
Birckenbach, L., Prof. Dr., Rektor der Bergakademie Clausthal.
Bitterich, Wilhelm, Dr., Mannheim, Rennershofstr. 17.
Bitterlich, Max, Dr. med., Thurm, Amtsh. Glauchau, Röntgenlaboratorium.
Blaas, Erich, Dr. Mauerkirchen/Oberösterreich.
Blanc, Le, Max, Geheimrat Prof. Dr. phil., Leipzig, Linnéstraße 2.
Blank, Anton, Dr., Gen.-Oberarzt a. D., Kuranstalt u. Moorbad Dachau b. München.
Blank, Arthur, Dr., Mülheim a. d. Ruhr, Aktienstr. 45.
Blank, Rudolf, Dir. d. Landwirtschaftl. Schule, Aue i. Erzgebirge, Druidenstr. 2.
Blankenhorn, Karl, Mineralbadbesitzer, Stuttgart, Landhausstraße 34.
Blaschke, J. Hugo, D. D. S., Berlin W 50, Tauentzienstr. 7b.
Blasius, Heinrich, Priv.-Doz., Dr. phil., Hamburg 22, Richardstr. 50a I.
Blaßberg, M., Dr., Krakau/Polen, Starowislua 18.
Blau, Albert, Priv.-Doz., Dr., Görlitz, Konsulstr. 13 II.
Blessius, Joh., Dr., Mülheim a. d. Ruhr, Krusestr. 3.
Blezinger, Th., Dr., Apotheker, Schwäb.-Hall.
Bloch, Bruno, Prof., Zürich 7, Dermatolog. Klinik, Gloriastraße 31.
Bloch, J., Dr., Aken a. Elbe, Bahnhofstr. 8.
Blochmann, Rud., Ing., Dr. phil., Kiel, Lornsenstr. 24.
Block, Dr., Königsberg i. Pr., Paradeplatz 7.
Block, Josef, Dr., Apotheker, Bonn, Händelstr. 15.
Blohmke, Arthur, Priv.-Doz., Dr. Königsberg i. Pr., Steindamm 149.
Block, Werner, Dr. med., Witten, Marienhospital.
Blum, Heinrich, Dr., Berlin-Wilmersdorf, Kaiserallee 44.
Blumental, Kurt, Dr., Dessau, Kavalierstr. 8.
Blumenthal, Arthur, Dr. med., Stuttgart, Marienstr. 39 I.
Blumenthal, Otto, Prof. Dr., Aachen, Rütscherstr. 38.

Blumenreich, Ludw., Geheimrat Prof. Dr. med., Berlin W, Kurfürstendamm 203/8 Ir.
Biuntschli, Hans, Prof. Dr. med., Dir. d. Univ.-Anatomie, Frankfurt a. M., Gärtnerstr. 54.
Boas, Hans, Ingenieur, Berlin O 27, Krautstr. 38a/39.
Bochkor, Adam, Dr., Budapest 9, Uellöi-ut 93.
Bode, Hans, Dr., Dresden-Blasewitz, Heidestr. 1.
Bode, Kurt, Dr., Hamburg 20, Erikastr 134.
Bodenstein, Max, Prof. Dr. phil., Wannsee, Tristanstr. 22.
Boecking, O., Dr., Hamburg 35, Hammerdeich 60.
Boeckler. Dr., Knappschaftsarzt, Senftenberg/Niederlausitz, Lange Straße 55.
Boedecker, Dr., Berlin-Britz, i. Fa. J. D. Riedel A.-G.
Böhm, Dr., Nürnberg, Weiglstr. 7.
Böhmer, Eduard, Studienrat, Köln-Marienburg, Eugen-Langen-Straße 35.
Böhne, Dr. med., Düsseldorf, Ellerstr. 116.
Boehringer, Ernst, München, Albanistr. 6/4.
Böllhoff, Dr. med., Düsseldorf-Gerresheim, Benderstr. 8.
Bönnig, Dr. med., Düsseldorf-Rath, Augusta-Krankenhaus.
Boenninghaus, Georg, Prof. Dr. med., Breslau, Kaiser-Wilhelm-Straße 12.
Boer, de, S., Prof. Dr., Amsterdam, Zeilstraat 29 II.
Börnstein, Ernst, Prof. Dr. phil., Berlin W 35, Steglitzer Straße 27.
Boerschmann, Fritz, Med.-Rat Dr., Berlin W 15, Bayerische Straße 28.
Boskamp, Dr. med., Düsseldorf-Rath, Oberrather Str. 20.
Böß, Hermann, Dr., Stuttgart, Hermannstr. 11.
Böttcher, Wilhelm, Reg.-Med.-Rat Dr., Leipzig, Windmühlenweg 29.
Böttger, Wilhelm, Prof. Dr., Leipzig-Stötteritz, Naunhoferstraße 21 I.
Böttger, Willy, Dr. med., Eythra i. Sa.
Böttner, Otto, Dr., Magdeburg, Otto-Ring 14.
Bofinger, Arthur, Dr., Mergentheim/Württ.
Bois, du, Dr., Bremen, Kohlhöckerstr. 10.
Bois-Raymond, du, Claude, Prof., Potsdam, Moltkestr. 29.
Bokay, von, Johann, Hofrat Prof. Dr. med., Budapest VIII, Szentkiralyi-utcza 2.

Bolle, Erwin, Dr. phil., wiss. Mitglied a. Militärversuchsamt, Charlottenburg 2, Frauenhoferstr. 17.
Bondi, Maxim, Dr., Primärarzt, Iglau/Mähren.
Bongert, Jak., Prof. a. d. Tierärztl. Hochschule, Berlin W 50, Prager Straße 11.
Bonhöffer, Karl, Geh. Med.-Rat Prof. Dr., Grunewald, Wangenheimstr. 14.
Bonhoff, Heinrich, Geh. Med.-Rat Prof. Dr. med., Marburg, Pilgrimsheim 2.
Bonne, Georg, San.-Rat Dr. med., Adendorf b. Lüneburg.
Bonvicini, Giulio, Dr., Tulln b. Wien, Österreich.
Bonwitt, Gustav, Dr., Charlottenburg, Clausewitzstr. 3.
Bopp, Hermann, Dr., Frei-Weinheim/Rhein.
Borak, J., Dr., Wien I, Ebendorfer Str. 10.
Borchert, Dr., Calbe a. d. Milde, Prov. Sachsen.
Boresch, Karl, Prof. Dr., Tetschen-Leibwerd/Böhmen, Sternplatz 399.
Borinski, Werner, stud. phil., Berlin NW 23, Brückenallee 3.
Bormann, Dr., Teterow i. Mecklbg.
Born, Alex, Prof. Dr., Charlottenburg, Berliner Str. 170, Geolog. Inst. d. Techn. Hochschule.
Born, Max, Prof. Dr., Göttingen, Planckstr. 21.
Bornstein, A., Prof. Dr., Hamburg 5, Pharmakol. Institut.
Bornstein, Karl, Dr. med., Berlin W 50, Hohenstaufenstr. 32.
Borsi, Max, Prof. Dr. med., München, Prinzregentenstr. 11.
Bosch, C., Prof. Dr., Ludwigshafen a. Rh., Anilinfabrik.
Bosselmann, Rud., Ing., Dir. d. Reiniger, Gebbert & Schall A.-G., Erlangen, Henkestr. 8 I.
Bostroem, August, Dr. med., München, Nußbaumstr. 7.
Bostroem, Eugen, Geh. Med.-Rat Prof. Dr., Gießen, Frankfurter Straße 37.
Bottstein, Hugo, Dr. med., Hamburg, Alterwall 8 II.
Botzong, Ass. a. geolog. Inst., Heidelberg, Bergstr. 107.
Bouwers, A., Dr. Philips Glühlampenfabrik A.-G., Abt. Bibliothek, Eindhoven/Holland.
Bräutigam, Fritz, Wien XVII, Zeillergasse 98 III 15.
Brand, K., Prof. Dr., Gießen, Ludwigsplatz 11.
Brandenburg, Kurt, Prof. Dr. med., Berlin W 10, Friedrich-Wilhelm-Straße 18.
Brandes, M., Prof. Dr. med., Dortmund, Städt. Krankenanstalten, Rathenau-Allee 7.

Brandl, Joh., Wirtschaftsrat u. Hochschuldoz., Zell a. See (Salzburg).
Brandt, Heinrich, Priv.-Doz., Dr., Prof. d. Techn. Hochschule, Aachen.
Brasch, San.-Rat Dr. med., Berlin-Wannsee, Moltkestr. 12.
Brass, Kurt, Prof. Dr., Reutlingen (Technikum), Landhausstraße 3.
Brauer, A. L., Prof. Dr. med., Hamburg-Eppendorf, Martinistraße 56.
Braun, Prof. Dr., Zwickau i. Sa., Kreiskrankenstift.
Braun, Ernst, Dr., Berlin W 35, Magdeburger Str. 32.
Braun, Fritz, cand. med. et chem., Melsungen.
Braun, Hans, Dr., Hamburg 39, Bussestr. 11.
Braun, Hans, Dr., Solingen, Körnerstr. 41.
Braun, Karl, Apotheker, Fabrikbesitzer, Melsungen.
Braun, Oswald, Dr. med., Chemnitz, Staatl. Frauenklinik.
Braun, Rob. Leop., Dr. med., Wien II, Heinestraße.
Braun-Fernwald, von, Hofrat, Med.-Rat Prof. Dr., Wien IV, Rainerplatz 7.
Braunholz, Studienrat, Braunschweig, Wachholzstr. 3 II.
Brauns, F., Dr., Berlin W 30, Barbarossastr. 49 III.
Braunwarth, Dr., Freiburg i. Br., Karlstr. 49.
Braus, Hermann, Univ.-Prof. Dr. med., Heidelberg, Albert-Ueberle-Straße 12.
Brecke, Albert, Dr., Chefarzt, Heilstätte Überruh b. Isny (Württemberg).
Bredig, Georg, Prof. Dr., Karlsruhe, Techn. Hochschule, Wendtstr. 19.
Breidenbach, Arthur, Dr. med. dent., Stettin, Paradeplatz 28/29 II.
Breitner, B., Doz., Dr., Wien IX, Klinik Eiselsberg.
Breitung, Max, Prof. Dr., Oberarzt d. Stadtkrankenhauses, Plauen i. V., Weststr. 28.
Brenke, Hans, Dr. med., Königsberg i. Pr., Hagenstr. 11.
Brentano, Adolf, Prof. Dr. med., Berlin W 62, Lützowufer 33.
Breslauer, Eugen, San.-Rat Dr. med., Jauer i. Schles.
Bretschneider, Alfred, Dr., Mülheim a. d. Ruhr, Eppinghoferstr. 39.
Bretschneider, Dr., Leipzig, Karl-Heine-Str. 30.
Briecke, W., Prof., Hannover, Lavesstr. 50.

Brigel, Oskar, Dr. med., Stuttgart, Silberburgstr. 172.
Brock, Priv.-Doz., Dr. med., Kiel, Hospitalstr. 26.
Bröse, Paul, Geh. San.-Rat Dr. med., Charlottenburg 2, Hardenbergstr. 9a.
Brogsitter, Ad. M., Dr., Ass. d. II. med. Klinik, München, Ziemssenstr. 1.
Bruchholz, Herbert, Dr. med., Dresden-A., Ermelstr. 7.
Bruck, Martin, Dr. med., Bad Nauheim, Bismarckstr. 3.
Bruck, Walter, Prof. Dr. med., Breslau XIII, Kaiser-Wilhelm-Platz 17.
Brücke, von, Ernst, Prof. Dr., Innsbruck, Mühlau 92.
Brückner, Arthur, Prof. Dr. med., Basel, Wettsteinallee 31.
Brückner, Ed., Prof. Dr., Wien I, Universität.
Brückner, Gottfried, Studienrat Dr. phil., Grimma, Leipziger Platz 4.
Brüggemann, Dr., Facharzt f. Hals-, Nasen-, Ohrenleiden, Bochum, Alleestr. 21.
Brüning, Aug., Prof. Dr. med., Gießen, Friedrichstr. 11.
Brüning, Hermann, Dr., Prof. f. Kinderheilkunde, Rostock, St.-Georg-Str. 102.
Brüsch, W., Prof. Dr. phil., Lübeck, Körnerstr. 4.
Bruhn, Christian, Prof. Dr., Düsseldorf, Sternstr. 29.
Brunner, Prof. Dr., Vorst. d. Chem. Inst. d. Hochschule Passau.
Brunk, Geh. San.-Rat Dr. med., Bromberg/Polen, Jagiellonska 15.
Brunner, Karl, Prof. Dr. phil., Innsbruck, Neuhauser Straße 4.
Bruns, Hayo Wilh., Prof. Dr. med., Gelsenkirchen, Ahstraße 51.
Bruns, Oskar, Prof. Dr., Königsberg i. Pr., Paradeplatz 19.
Bryk, E., Dr., Höchst a. M., Farbwerke vorm. Meister Lucius & Brüning.
Bub, Karl, Obering., Bad Reichenhall, Zenostr. 5.
Buben, Josef, Ing., Büren i. W., Neubrückenstr. 4.
Buchbinder, San.-Rat Dr., Leipzig, Weststr. 11.
Buecheler, Anton, San.-Rat Dr. med., Frankfurt a. M., Westendstr. 1.
Bucherer, Hans, Prof. Dr., Charlottenburg 9, Württembergallee 25.
Buchmüller, August, Dr. med., Karlsruhe, Kriegstr. 3a.

Buchner, Max, Dir. Dr., Hannover, Schellingstr. 1.
Bucky, Gustav, Dr., New-York, 73 East 80 th Street.
Bucura, Const. J., Prof. Dr., Wien I, Museumstr. 8.
Buder, Joh., Prof. Dr., Greifswald, Botanischer Garten.
Büchel, Otto, Dr. med., Eppendorf i. S.
Büchlmann, Ed., Dr., Mittersill b. Salzburg.
Büchner, E., Studienrat Dr., Bremen, Brückenstr. 41 III.
Bürkle, Oberapotheker, Düsseldorf, Moorenstr. 5.
Büssem, Heinrich, Dr. med., Oberhausen i. Rhld.
Büttgenbach, Erich, Dipl.-Ing., Aachen, Kupferstr. 18.
Büttner, Julius, Prof. Dr., Liegnitz, Wilhelmstr. 32 I.
Büttner, Otto, Prof. Dr. med., Rostock/Mecklbg., Friedrich-Franz-Str. 37.
Bumke, Oswald, Geheimrat Prof. Dr. med., München, Dir. d. Psychiatr. Klinik d. Universität.
Bungartz, Everhard, stud., Köln, Probsteigasse 1.
Bungeroth, Dr. med., Düsseldorf, Fürstenwallstr. 117.
Bunte, Karl, Prof. Dr., Karlsruhe, Kriegstr. 148.
Burau, Dir., Apotheker, Gehlberg/Gotha.
Burchard, Albr., Prof. Dr. med., Spez.-Arzt für Röntgenologie, Rostock/Mecklbg., Augustenstr. 122.
Burchardt, Franz, Dr., Worms.
Burchardt, Magnus, Dr. med. et. phil., Fahr/Rhld., Bismarckstr. 56.
Burckhardt, Walther, Studienrat Dr., Leipzig, Braustraße 3 III.
Burger, Ernst, Dir., Chemnitz, i. Fa. Max Kohl, Reichenheiner Str. 22.
Burger, Heinrich, Dr. med., Sanatorium Baden-Baden, Marie-Viktoria-Str. 12.
Burgkhardt, Dr. med., Zwickau i. S., Parkstr. 2.
Burkart, Franz, San.-Rat Dr., Mülheim a. d. Ruhr, Bahnstr. 38.
Burlage, Wilh., Dr. med., Leipzig, Königstr. 2.
Burmeister, Studienrat Dr., Neukloster/Mecklbg., Aufbauschule.
Burwinkel, Oskar, Dr. med., Bad Nauheim, Karlstr. 16.
Busch, Hans, Priv.-Doz. Dr., Jena, Sophienstr. 1.
Busch, Henri, Dr. s. Deutsche Gold- u. Silberscheideanstalt Frankfurt a. M., Weißfrauenstr. 7/9.
Busch, Max, Prof. Dr. phil., Erlangen, Schillerstr. 17.

Busch, Oskar, Dr., Riga/Lettland, Kirchenstr. 19.
Buschke, Adolf, Prof. Dr., Berlin W 35, Lützowstr. 60a.
Busz, Karl, Geh. Bergrat Prof. Dr., Münster i. W., Heerdestraße 6.
Butzengeiger, Otto, Dr., Elberfeld, Wortmannstr. 38.

Caan, Alb., Dr. med., Frankfurt a. M., Bockenheimer Landstr. 83.
Cahen-Brach, Eugen, San.-Rat Dr., Frankfurt a. M., Eppsteiner Str. 45.
Cahn, Alfred, Dr., Kattowitz/Poln.-Schles., Dürerstr. 6.
Cahn, Käte, Frau Dr. med., Düsseldorf, Adlerstr. 4.
Cahn, Otto, Düsseldorf, Adlerstr. 4.
Calm, Adolf, Dr. med., Facharzt für Röntgenologie, Hannover, Warmbuchenstr. 24.
Camerer, Wilhelm, Dr. med., Stuttgart, Ulrichstr. 9.
Canal, Fritz, stud. chem., Leipzig, Fürstenstr. 6, III.
Caratheodory, C., Prof., München, Amalienstr. 4.
Caro, Geh. Rat Prof. Dr., Berlin W 62, Kurfürstendamm 8.
Caro, Leo, Dr. med., Berlin W, Motzstr. 39.
Carow, W., Dr., Mainz, Markt 21.
Carstens, Andreas, San.-Rat Dr., Leipzig, Augustusplatz 1, II.
Caspari, Wilhelm, Prof. Dr. med., Frankfurt a. M., Mendelssohnstr. 44.
Casper, Max, Prof. Dr., Breslau X, Matthiasplatz 17.
Cassirer, Thomas, stud. chem., Charlottenburg 9, Lindenallee 15.
Castro de, Alfons, Dr. med., Hamburg, Haller Str. 81.
Catel, Dr. med., Leipzig, Kinderkrankenhaus, Oststr. 25.
Cermak, Paul, Prof. Dr. phil., Gießen, Liebigstr. 86.
Cerny, Adolf, Prof., Leiter der hydrobiolog. Station „Alte Donau", Wien III, Petrusgasse 11.
Chemische Fabrik von Heyden Akt.-Ges., Radebeul bei Dresden.
Chemosan Akt.-Ges., Wien, siehe Dir. Reg.-Rat Dr. Max Wilh. Czerkis.
Chesne, du, Fritz, Lehrer, Roßwein i. Sa.
Chiari, Richard, Primärarzt Dr. med., Linz a. D., Promenade 25.

Cholodny, Dr., Chemnitz, Barbarossastr. 20.
Chotzen, Fritz, Dr. Irrenhaus-Oberarzt, Breslau XII, Einbaumstr. 23.
Christeller, Erwin, Prosektor Dr. med., Charlottenburg 9, Kaiserdamm 84.
Christensen, W. E., Dr. dent. surg., München, Maximiliansplatz 12b.
Chwala, A., Dr., Wien XIII, Linzer Str. 454.
Clairmont, P., Prof. Dr., Dir. d. Chir. Univ.-Klinik, Zürich 7, Kantstr. 12.
Claisen, Ludw., Geh. Rat Prof. Dr., Godesberg a. Rh., Augustastr. 24.
Clara, Max, Dr., Sanatorium Blumau b. Bozen/Italien.
Claus, G., Dr., Forschungsstelle für Grünlandsbiologie der landwirtschaftl. Hochschule, Weihenstephan, Post Freising a. Isar, Ottostr. 41.
Clausen, C., Dir. Dr., Berlin-Steglitz, Grunewaldstr. 47.
Clemens, Hans, Dr., Abtlgsarzt. d. Prov.-Heil- u. Pflegeanstalt Eickelborn i. Westf.
Clemens, Paul, Hofrat, Prof. Dr., Dir d. Stadtkrhs. im Küchwald, Chemnitz, Kanzlerstr. 2.
Coerper, Dr., Düsseldorf, Kühlwetterstr. 16.
Cohen, Ernst, Prof. Dr., Utrecht, Chem. Labor., Rijks-Universität.
Cohen, Joseph, Dr. med., Köln-Mülheim, Buchheimer Straße 45—47.
Cohen, Sibilla, Frau Dr., Köln - Mülheim, Buchheimer Straße 45—47.
Cohen-Kysper, Dr. med., Hamburg, Esplanade 39.
Cohn, Alfred, Dr., Berlin NW 23, Brückenallee 22.
Cohn, Franz, Dr. med., Badearzt, Weißer Hirsch b. Dresden.
Cohn, Georg, Dr., Berlin C 2, Probststr. 14—16.
Cohn, J., Dr., Berlin N 4, Invalidenstr. 1.
Cohn, Paul, Doz., Dr., Wien IX, Türkenstr. 9.
Colla, E., San.-Rat Dr., Bethel b. Bielefeld.
Comberg, Priv.-Doz. Dr. med., Berlin, Universitäts-Augenklinik.
Cords, Richard, Dr. med., Prof. für Augenheilkunde, Köln-Lindenthal, Kinkelstr. 17.

Cornelius, Alfons, Dr. Generaloberarzt a. D., Charlottenburg 4, Leibnizstr. 57.
Corning, H. K., Dr., Prof. d. Anatomie, Basel, Vesalianum, Bundesstr. 17.
Correns, C., Prof. Dr., I. Dir. des Kaiser-Wilhelm-Inst. für Biologie, Dahlem b. Berlin, Post Lichterfelde 3.
Corvey, Oberreg.-Rat Dr., Detmold, Landeswohlfahrtsamt.
Coßmann, Hugo, San.-Rat Dr. med., Oberarzt, Duisburg a. Rh., Goldstr. 3.
Coudres des, Th., Geh. Hofrat Prof. Dr., Leipzig, Linnéstraße 5.
Courant, R., Dr., Göttingen, Nikolausberger Weg 5.
Courtin, Dr., Karlsruhe, Kinderkrankenhaus.
Cramer, Heinrich, Prof. Dr. med., Bonn, Königstr. 17a.
Crayen, von, Gustav, Dr. phil., Luzern, Krienser Str. 11.
Crayen, von, Wilh., Verlagsbuchhändler, Berlin W 10, Genthiner Str. 38.
Creite, Otto, Prof. Dr. med., Stolp/Pommern, An der Plantage.
Cremer, Max, Prof. Dr., Berlin NW 23, Klopstockstr. 21.
Criegern, von, L., Dr., Oberarzt, Hildesheim, Weberstr. 1.
Curschmann, Fritz, Prof. Dr., Fabrikarzt, Greppin-Werke, Post Wolfen, Kreis Bitterfeld.
Czerkis, Max, Dr., i. Fa. Chemosan A.-G., Wien I, Reichsratstr. 15.
Czerny, Adalbert, Geh. Med.-Rat Prof. Dr., Berlin NW 23, Altonaer Str. 3.
Czygan, Kurt, Landwirtschaftslehrer, Leipzig, Möbiusstraße 13.

Daege, H. M., i. Fa. Knoll & Co., Ludwigshafen a. Rh., Postfach 67.
Dafert, Otto, Dr. phil. et jur., Wien II/1, Trunner Str. 1—3.
Dahmer, Robert, San.-Rat Dr. med., Bln.-Schlachtensee, Waldemarstr. 97a.
Damsch, Otto, Geh. Med.-Rat Prof. Dr. med., Göttingen, Nikolausberger Weg 22.
Dannmeyer, F., Dr., Hamburg-Großborstel, Moorweg 50.
Danneel, Heinrich, Dr., Rostock, Chem. Univ.-Labor.
Danziger, Felix, Dr. med., Leipzig, Windmühlenweg 49.

Darmstaedter, Ernst, Dr., München, Arcisstr. 28, II.
Daudt, W., Prof. Dr., Worms a. Rh., Gewerbeschulstr. 1.
Dautwitz, Franz, Prof. Dr., Bln.-Friedenau, Saarstr. 19, I.
David, Oskar, Priv.-Doz. Dr., Frankfurt a. M., Gagernstraße 36.
Davidis, E., Dr. phil., Köln a. Rh., Deutscher Ring 21, I.
Decker, Hermann, Prof. Dr., Jena, Wildstr. 2.
Decker, Karl, Dr., Augenarzt, Schwerin/Meckl., Augustenstraße 5.
Deckert, Adalbert, Postrat Prof. Dr., Seddin, Post Michendorf.
Deckert, Bruno, Dr. med., Wörlitz/Anhalt.
Dede, Louis, Priv.-Doz., Dr., Bad Nauheim, Ludwigsstr. 22.
Deetjen, Karl, Dr., Biedenkopf a. L., Waldsanatorium.
Degen, B., Frau Dr., Darmstadt, Klappacher Str. 1.
Degen, Jos., Dr., Chemiker, Düren/Rhld., Tivolistr. 57.
Degen, W., Dr. med., Darmstadt, Klappacher Str. 1.
Deidesheimer, Gustav, Dr., Passau, Hochstr. 6.
Deist, Dr., Schömberg b. Wildbad/Württ., Neue Heilanstalt.
Delbanco, E., Dr. med., Hamburg, Gr. Bleichen 27 (Kaufmannshaus).
Delkeskamp, Rud., Dr., Geologe, Bln.-Grunewald, Egerstraße 12.
Demeter, Karl, Dr., Freising-München, Rappstr. 21.
Demuth, Dr. med., Charlottenburg, Frankstraße, Kaiserin-Augusta-Viktoria-Haus.
Denker, Alfred, Geh. Med.-Rat Prof. Dr., Halle a. S., Staudestr. 7.
Derenbach, Rud., Fabrik-Dir. Dr., Köln-Mülheim.
Dessau, Stanislaus, Zahnarzt, Warschau.
Dessauer, Friedr., Prof. Dr., Frankfurt a.M., Weigertstr. 3.
Deterre, Jos., La Ruelle'sche Akzidenzdruckerei u. lithographische Anstalt, Aachen, Johanniterstr. 22.
Deutsch, Berthold, Karl, Ing. Chem., Mannheim-Waldhof, Zellstoffabrik.
Deutsch, Desider, Budapest VI, Andrassy ut 86.
Deutsche Gold- u. Silberscheideanstalt vorm. Roeßler, vertreten durch Dr. H. Busch, Frankfurt a. M., Weißfrauenstraße 7—9.

Deutsche Trinidad-Asphalt-Werke, Vertr. Dr. Sommer, A. Dresden-A., Reichenbachstr. 65.
Deutschländer, Carl, Dr. med., Hamburg 37, Brahmsallee 9.
Devermann, Conrad, Studienrat, Leipzig, Johannisplatz 5, IV.
Dexler, Herm., Prof., Prag II, Legerova 48, Tierärztl. Institut.
Deycke, Prof. Dr., Dir d. Allg. Krankenhauses, Lübeck, Kronsforder Allee 10a.
Dieck, Dr. med., Rheydt, Bez. Düsseldorf.
Diederich, Tierarzt, Bad Driburg i. W.
Diehl, Franz, Dr. med., Zwickau, Amalienstr. 2—4.
Diehl, Fritz, Dr., Leipzig-Eutritzsch, Pretzscher Str. 16.
Diehl, Herm., Dr., Rosenheim/Bayern.
Diemar, H., Dr. phil., Zittau, Reichsstr. 15.
Dienemann, Franz, Dr. med., Dresden-A., Blochmannstraße 18, I.
Diepgen, Paul, Prof. Dr., Freiburg i. Br., Stadtstr. 6.
Diesselhorst, Herm., Prof. Dr., Braunschweig, Physik. Institut der Techn. Hochschule.
Dietel, Franz, Dr. med., Zwickau i. Sa.
Dieter, Walter, Dr. med., Leipzig, Liebigstr. 14, Univ.-Augenklinik.
Dieterich, Willy, Dr. med., leit. Arzt d. Röntgenabtlg. d. städt. Krankenanstalten, Mannheim M. 1. 1.
Dieterici, Konrad, Geh. Reg.-Rat Prof. Dr. phil., Kiel, Niemannsweg 78.
Dietlen, Hans, Dr., Homburg/Pfalz.
Dietrich, Dr. Priv.-Doz. u. Oberarzt d. Univ.-Frauenklinik Göttingen, Weender Landstr. 56—58.
Dietrich, Albert, Prof. Dr. med., Dir. d. patholog. Inst. d. Univ. Köln, Köln a. Rh.-Lindenthal, Weyerthal 121.
Dietrich, Walter, Stud.-Rat Dr. phil., Leipzig, Steinstr. 67.
Dietrichs, Dr., Neuhaldensleben, Bahnhofstr. 19.
Dietz, Med.-Rat, Alzey i. Rhld., Heil- u. Pflegeanstalt.
Dikoff, Gr., Prof. Dr., Bln.-Wilmersdorf, Prager Str. 11. p. Adr. Prof. Bogert.
Dilger, Ernst, Dr., Stolp/Pommern, Bismarckplatz 4.
Dimroth, Otto, Prof. Dr., Würzburg, Pleicher Ring 11.
Dingeldey, Friedr., Geh. Hofrat Prof. Dr. math., Darmstadt, Hoffmannstr. 41.

Dingler, Hugo, Prof. Dr., München, Neustädter Str. 1 E.
Dinkelacker-Petersen, Adolfine, Frau Dr., Hamburg 36, Esplanade 10.
Dinkhauser, Jos., Prof. Dr., Innsbruck, Kiebelgasse 16.
Dinkler, Max, Prof. Dr. med., Aachen, Boxgraben 123.
Dirksen, Eduard, Dr., Charlottenburg 5, Dresselstr. 3, II.
Diruf, Gust. Oskar, Dr., München, Agnesstr. 10, II, 1. Gartenhaus.
Disselhoff, Tierarzt, Peckelsheim, Kreis Warburg i. W.
Distler, Hans, Geh. Hofrat Dr. med., Stuttgart, Uhlandstraße 16a.
Dittert, Hertha, Dr. med., Leipzig-Reudnitz, Gabelsbergerstraße 2, II.
Djerassi, Jos., Dr. med., Sofia/Bulg., Angel-Kantscheff-Straße 2.
Dobler, Th., Dr., Schorndorf i. Württ.
Döderlein, Alb., Geh. Rat Prof. Dr. med., München, Sonnenstr. 16a.
Döhler, Hermann, cand. phil., Nürnberg, Krelingstr. 31.
Döhler, Walter, Dr., Studienrat, Riesa, Rosenplatz 11.
Döhmann, K., Dr. med., Berlin W 50, Augsburger Str. 30.
Döhren, von, Hans, Dr. med., Langendreer i. W., Mühlenstr. 1.
Döhren, von, Luise, Dr. med., Langendreer i. W., Mühlenstr. 1.
Döllken, H. A., Prof. Dr. med., Leipzig, Roßplatz 12.
Döring, Robert, Lehrer, Leipzig, Nostizstr. 31.
Dörrenberg, Otto, Dr., Arzt a. städt. Krankhs., Soest i. W.
Dörrer, Heinrich Georg, Dr. med. vet., Leipzig-Sellerhausen, Eisenbahnstr. 131.
Dörries, Hans, Dr., Göttingen, Ass. a. Geograph. Seminar der Universität.
Dövrer, Reg.-Vet.-Rat Dr., Marienberg.
Dohrn, Karl Alfr., Dr. med., Kreisarzt, Hannover, Gellertstraße 22.
Dohrn, Max, Dr., Charlottenburg, Schloßstr. 67.
Dohrn, Reinhard, Prof. Dr., Neapel, Via Francesco Crispi 92.
Dold, Hermann, Prof. Dr., Marburg a. L., Universität.
Domann, P., Dr. med., Wiednitz o. L.
Domaruß, von, Eilhard, Dr. med., Freiburg i. Br., Hauptstraße 5.
Donnerhack, Reinhold, Dr. med., Knautkleeberg b. Leipzig.

Dorner, Julius, Dr. med., Kreiskommunalarzt, Dorsten i. W., Lippestr. 59.
Dorno, C., Prof. Dr., Davos-Platz/Schweiz, Villa Dora.
Dorsch, F. C., Dr. dent. surg., München, Residenzstr. 7.
Dorschky, Karl, Dr., Chemiker, Ludwigshafen, Bad. Anilin- und Sodafabrik.
Doux, le, C., Dr. med., Fürstenwalde a. Spree, Friedrichstraße 1a.
Dragendorff, Otto, Prof. Dr., Prosektor a. Anat. Inst., Greifswald, Wolgaster Str. 30.
Drecker, Prof. Dr., Dorsten i. W., Westwall 33.
Dreesmann, Heinr., Prof. Dr. med., Köln a. Rh., Elisenstraße 8—10.
Dreibrodt, Otto, Dr. med., Bitterfeld, Weststr. 10, part.
Drenckhahn, Friedrich, Dr., Rostock, Ad.-Wilbrandt-Str. 2.
Dreschke, Theodor, Geh. San.-Rat Dr., Freiberg i. Sa., Petriplatz 2.
Dresel, K., Dr., Berlin W 62, Schillstr. 19.
Dressel, Friedrich, Dr. med., Leipzig, Stephanstr. 16, II.
Dressel, Oskar, Dr., Chemiker, Köln-Mülheim, Buchheimer Straße 68, I.
Drevermann, Alb., Zahnarzt, Düsseldorf, Stephanienstr. 33.
Dreyfus, Georges L., Priv.-Doz., Prof. Dr., Sekundararzt der Mediz. Klinik, Frankfurt a. M., Waidmannstr. 18.
Dreyfuß, Heinr., Dr., Ludwigshafen a. Rh., Städt. Krankhs.
Driesch, Hans, Prof. Dr., Leipzig, Zöllnerstr. 1.
Driessen, Dr. med., Düsseldorf, Wehrhan 19.
Drucker, Karl, Prof. Dr. phil., Leipzig, Haydnstr. 1.
Drügg, Walther, Priv.-Doz., Dr. med., Köln-Lindenthal, Krankenanstalt Lindenburg.
Dührenheimer, Felix, Dr., Wiesbaden, Wilhelmstr. 6.
Dührnig, Fritz, Stud.-Rat, Leipzig, Zentralstr. 1.
Düllberg, Dir. Dr., Chem. Werke Lothringen, Bövinghausen-Merklinda.
Dürll, Wilhelm, Oberstudienrat Prof. Dr., Leipzig, Kronprinzstraße 43, II r.
Dürr, Rich., San.-Rat Dr. med., Schwäbisch-Hall, Klosterstraße 10.
Duisberg, Karl, Geh. Reg.-Rat Prof. Dr. phil. Dr. ing. et med. h. c., Leverkusen b. Köln a. Rh.

Duisberg, Walther, Dr., Wiesdorf a. Niederrhein, Schillerstraße 48.
Dumur, Henri, Prokurist der Fa. E. Leitz, Wetzlar, Schwalbacher Str. 1.
Dungern, von, Eugen, Prof. Dr. Freiherr, Ludwigshafen am Bodensee b. Überlingen.
Dupin, Bernh., Dr., Mülheim-Dümpten, Mellinghoferstr. 3.
Durlacher, Max, Dr., Hamburg, Kottwitzstr. 20.
Dworak, Rudolf, Dr., Wien XIX, Glätzgasse 5.
Dyck, von, Walter, Geh. Rat Dr., Prof. a. d. Techn. Hochschule, München, Hildegardstr. 5, III.
Dyckerhoff, Wilh., Dr. med., Scherlebeck, Krs. Recklinghausen.
Dyes, W. A., Berlin-Wilmersdorf, Landhausstr. 9.
Dzialas, Paul, Dr. med., Wüstegiersdorf/Schles.

Ebbecke, Ulrich, Prof. Dr. med., Bonn, Nußallee 11.
Eber, A., Prof. Dr., Leipzig, Linnéstr. 11.
Eberhard, Aug., Prof. Dr., Darmstadt, Gutenbergstr. 56.
Eberhard, D., Studienrat, Worms, Dankwartplatz 5.
Eberius, Hermann, San.-Rat Dr., Halle a. S., Heinrichstr. 19.
Eberstaller, Jg., Dr., Linz a. D., Landstr. 61.
Eberstaller, Oskar, Ober-San.-Rat Oberphysikus i. R. Prof. Dr., Graz-Walsendorf, Rudolfstr. 27.
Ebert, L., Dr., Kopenhagen, V. kgl. Vet.-Og. Landbokojskoles kemiske Labor., Bülowsvy 13.
Eberth, Josef, Geh. Med.-Rat Prof. Dr., Berlin-Halensee, Seesener Str. 20.
Eckert, A., Prof. Dr., Tetschen-Liebwerd a. Elbe, Agrikulturchem. Lab.
Eckstein, A., Oberarzt u. Doz. Dr. med., Düsseldorf, Moorenstr. 5, Akad. Kinderklinik.
Edelhoff, Jos., Prof. Dr., Grevenbroich.
Edelmann, Max, Dr. phil., Physiker, München, Nymphenburgstraße 82.
Edelstein, E. F., Dr. phil., Charlottenburg 1, Königin-Luise-Str. 16.
Edens, Prof. Dr., St. Blasien/Baden.
Edinger, Ludw., Prof. Dr. med., Frankfurt a. M., Leerbachstraße 27.

Edinger, Tilly, Dr. phil. nat., Frankfurt a. M., Leerbachstraße 27.
Egan, Ernst, Dr., Szeged/Ungarn.
Eggeling, von, Heinr., Prof. Dr. med., Breslau 16, Wilhelmstraße 19.
Ehlert, Herm., Ziv.-Ing., Düsseldorf-Grafenberg, Vautierstraße 77—79.
Ehrenberg, Alex, Prof. Dr., Chemiker, Darmstadt, Am Erlenberg 10.
Ehrenhaft, Felix, Dr., Prof. der Univ. Wien, Wien IX, Boltzmannstr. 5.
Ehrenwall, von, C., Geh. San.-Rat Dr., Ahrweiler, Wallportzheimer Straße.
Ehrich, Ernst, Prof. Dr. med., Rostock i. M., St.-Georg-Straße 100.
Ehricke, Arnold, Dr., Charlottenburg, Kaiserdamm 30.
Ehrmann, Paul, Studienrat, Leipzig-Go., Eisenacher Str. 2.
Eich, Adolf, San.-Rat Dr. med., Köln a. Rh., Beethovenstraße 9.
Eichengrün, A., Dr., Bln.-Grunewald, Humboldtstr. 47.
Eichholtz, Fritz, Dr., London W. 11, Clarendon Road 35.
Eichhorn, Georg, Dr. med., Chemnitz, Roßmarkt 11.
Eichmann, Rudolf, i. Fa. Maschinen-Papierfbk., Arnau a. Elbe, Tschechoslowakei.
Eicken, von, Prof. Dr., Berlin NW 6, Charité, 2. Hals-, Nasen- u. Ohrenklinik.
Eidmann, H., Dr., München, Neuhauser Str. 51.
Eiermann, Karl, Dr. phil., Nürnberg, Tuchergartenstr. 6.
Eimert, Otto, Dr. med., Plauen i. V., Kaiserstr. 45, I.
Einfeldt, W., Dr., München, Lothringer Str. 14.
Eing, Jos., Dr., Mülheim a. d. Ruhr, Hingberg 20.
Eiselsberg, von, Anton, Freiherr, Hofrat u. Ober-San.-Rat Prof. Dr., Wien I, Mölkerbastei 5.
Eisenkolbe, Paul, Chemiker a. d. Landwirtschaftl. Versuchsanstalt, Leipzig-Mö., Kernstr. 10.
Eisler, Paul, Prof. Dr. med., Halle a. S., Magdeburger Straße 26.
Eisner, Emil, San.-Rat Dr. med., Ratibor.
Eitel, Josef, Dr. med., Düsseldorf, Am Wehrhan 58.
Eitel, Wilh., Prof. Dr., Königsberg i. Pr., Mineral. Institut, Steindamm 6.

Elbs, Karl, Geh. Hofrat Prof. Dr. phil., Gießen, Frankfurter Str. 50.
Eliassow, Alfred, Dr. med., Frankfurt a. M., Univ.-Hautklinik.
Ellenbeck, Hans, Dr. med., Düsseldorf, Jakobistr. 20.
Ellenberger, Wilhelm, Geh. Rat Prof. Dr., Dresden-A., Schweizer Str. 11.
Ellerbrock, Dr. med., Lübeck, Lindenplatz 1.
Ellinger, Philipp, Priv.-Doz. Dr., Heidelberg, Mozartstraße 7.
Elschnig, Anton, Prof. Dr., Prag, Deutsche Univ.-Augenklinik, Narodni Tr. 10.
Elvers jun., W., Dr., Hamburg, N., Jungfernstieg 24.
Embden, Gustav, Prof. Dr., Frankfurt a. M.-Süd, Souchaystraße 3.
Emersleben, Otto, Dr., Kiel, Feldstr. 81.
Emich, Friedr., Prof. Dr. phil., Graz, Techn. Hochschule, Lessingstr. 25.
Emmerich, Prosektor Dr., Kiel, Wilhelminenstr. 26, I.
Ems, Fritz, Dr. med., Düsseldorf, Pempelforter Str. 45.
Enderlein, Günther, Dr., Kustos a. Zoolog. Museum d. Univ. Berlin, Berlin SW 11, Hafenplatz 3, II.
Enderlen, Eugen, Geh. Hofrat Prof. Dr. med., Heidelberg, Blumenstr. 8.
Engel, Prof. Dr., Dortmund, Elisabethstr. 14.
Engel, Prof. Dr., Pasing, Sigmundstr. 7b.
Engel, Friedrich, Dr., Prof. a. d. Univ., Gießen, Ludwigsplatz 9.
Engeland, R., Dr., München, Bothmerstr. 7/0.
Engelhardt, Alfred, Dr., Wiesdorf a. Niederrh., Gellertstraße 12.
Engelmann, Dr., leit. Arzt d. Städt. Frauenklinik, Dortmund, Elisabethstr. 17.
Engelmann, Guido, Dr., Wien I, Rathausstr. 7.
Engelmann, V., Dr. med., Hamburg 36, Kolonnaden 5.
Engelmann, Wilhelm, Verlagsbuchhändler, Leipzig, Mittelstraße 2.
Engels, San.-Rat Dr. med., Düsseldorf, Worringer Str. 82.
Engels, Hermann, Dr., Berlin NW 21, Stromstr. 67.
Englert, R., Prag VII/Tsch.-Slow., Rohangasse 6.

Ennen, Dr. med., Merzig i. Rhld., Heil- u. Pflegeanstalt.
Enßlin, Fritz, Dr. phil., Bad Nauheim, Hauptstr. 76.
Enzmann, G., Dr., Dresden-A., Marschallstr. 4, II.
Eppinger, Hans, Prof. Dr., Wien VIII, Lange Gasse 65.
Epstein, Emil, Dr., Wien VI, Dreihufeisengasse 3.
Ercklentz, Wilh., Prof. Dr. med., Breslau 16, Hansastraße 26.
Erdmann, G., Dr., Fabrikdir., Radebeul b. Dresden.
Erdmann, Rhoda, Frl. Dr. Priv.-Doz., Bln.-Wilmersdorf, Nassauische Str. 17, II.
Erkes, Dr., Chirurg, Reichenberg/Tsch.-Slow.
Erlenmeyer, Alb., Geh. San.-Rat Dr., Bendorf a. Rh. b. Koblenz.
Erler, Arthur, Dr., Leipzig-Gohlis, Poetenweg 22.
Ernemann, Alexander, i. Fa. Ernemann-Werke A.-G., Dresden-A., Schandauer Str. 48—58.
Ernst, Paul, Geh. Hofrat Prof. Dr. med., Heidelberg, Albert-Ueberle-Str. 20.
Ernst, Wilh., Dr., Dir. d. Veterinärpol. Anstalt, Oberschleißheim b. München.
Erpelt, Wilh., Dr., Düsseldorf, Hildener Str. 16.
Esau, A., Obering., Dr. phil., Berlin SW 61, Waterlooufer 17.
Esleben, Anton, Geh. Med.-Rat Dr., Kreisarzt, Bernburg.
Esser, Alfred, Dr. med., Köln a. Rh., Rosenstr. 70, II.
Eugling, Doz., Dr., Wien IX, Kinderspitalgasse 15.
Euler, von, H. Prof., Stockholm, Drottninggatan 118.
Euler, Wilh., Dr. phil., Worms, Westendstr. 27.
Everling, Emil, Priv.-Doz., Dr., Cöpenick b. Berlin, Lindenstr. 10.

Fabian, Max, Dr., Reg.-Med.-Rat, Kiel, Forstweg 81.
Facklam, F. P. H., Zahnarzt, Basel, Klarastr. 5.
Färber, E., Dr., Heidelberg, Blumenthalstraße.
Fahrenkamp, Karl, Dr. med., Stuttgart, Pflaumstr. 32.
Fahsel, Karl Johann, Dr. of dent. surg., München, Sendlinger Torplatz 1.
Fajans, Kasimir, Prof. Dr., München, Prof. a. d. Univers.
Falck, Ferd., Geh. Med.-Rat Prof. Dr. med., Kiel, Karlstraße 42.

Falk, Edmund, San.-Rat Dr. med., Berlin NW 23, Siegmundshof 14.
Falkenhagen, H., Dr., Physikal. Inst. d. Univ., Köln, Claudiusstr. 1.
Falkenheim, Hugo, Geh. Med.-Rat Prof. Dr. med., Königsberg i. Pr., Kaiser-Wilhelm-Damm 24.
Fambach, Reg.-Rat Vet.-Rat Prof. Dr., Rochlitz i. Sa., Albertstr. 8.
Farbwerke vorm. Meister, Lucius & Brüning, siehe Dr. E. Bryk, Höchst a. M.
Farwick, Hermann, San.-Rat Dr. med., Bocholt i. W., Nordstr. 46.
Faschingbauer, Hermann, Primararzt Dr. med., Brixen/Südtirol.
Faßbender, Gottfr., Dr. phil., Godesberg, Augusta-Viktoria-Straße 22.
Faßbinder, Josef Klaus, Studienrat Dr., Trier, Kronprinzenstr. 19.
Fecht, Hermann, Dr. med., Karlsruhe/Baden, Ritterstr. 1.
Feer, K. Emil, Prof. Dr. med., Dir. d. Univ.-Kinderklinik, Zürich 7, Freie Str. 108.
Feibes, Erich, Dr. med., Aachen, Neumarkt 9.
Feichtinger, Nora, Frl. Dr., Bln.-Dahlem, Kaiser-Wilhelm-Inst. für Chemie, Thielallee 63.
Feilbach, Wilhelm, Dr. med., Bad Homburg v. d. Höhe, Promenade 59.
Feinberg, Nicolaus, cand. rer. nat., Gießen, Steinstr. 11.
Feis, Oswald, Dr., Frankfurt a. M., Im Trutz 12.
Feist, Franz, a. o. Prof., Dr. der Chemie u. chem. Technologie, Kiel, Düsternbrooker Weg 114.
Feistelberg, Dr. med., Paderborn, Am Bogen 2.
Feld, Günther, Dr., Niedermarsberg.
Feldhaus, Theodor, San.-Rat Dr. med., Düsseldorf, Grafenberger Allee 52.
Feldmann, L., Dir. i. Fa. Chem. Fabrik Haltingen, Jucker & Cie., Haltingen/Baden.
Felix, Kurt, Dr. med., Heidelberg, Schröderstr. 3, I.
Fellingen, Robert, Dr., Bln.-Wilmersdorf, Aschaffenburger Straße 5.
Felsenstein, Eugen, Dr. med., Leipzig, Ehrensteinstr. 7, I.

Felten, Richard, Dr. med., Sankt Peter, Halbinsel Eiderstedt.
Ferge, Alfred, Dr. med., Weimar, Wielandplatz 2.
Ferrein, Friedr., Dir., Moskau, i. Fa. W. Ferrein.
Fetscher, Rainer, Priv.-Doz. Dr., Dresden-Strehlen, Josefstraße 4.
Feulgen, R., Priv.-Doz. Dr., Gießen, Ludwigstr. 46, I.
Fick, R., Geh. Med.-Rat Prof. Dr., Berlin NW 23, Brückenallee 3.
Fiebiger, Konstantin, Fabrikbes., Probstdeuben b. Leipzig.
Fiedler, Lorenz, Dr., dirig. Arzt d. Krankenhauses Dernbach/Westerwald.
Fiene, Franz, Dr., Mülheim a. d. Ruhr, Aktienstr. 302.
Figdor, Wilh., Univ.-Prof. Dr., Wien I, Universität.
Fincke, Heinrich, Dr., Nahrungsmittelchemiker, Köln-Klettenberg, Gottesweg 169.
Finkelstein, Hans, Dr., Uerdingen a. Rh., Wehrstr. 12.
Finsterbusch, Hellmuth, stud. math., Leipzig, Brüderstraße 24, I.
Finsterbusch, Reinhold, Assistenzarzt, Leipzig, Arionenhaus, Elsterstr.
Finsterer, Hans, Prof. Dr. med., Wien IX/3, Lackierergasse 6.
Fischbein, Friedr., San.-Rat Dr. med., Dortmund, Burgwall 31.
Fischel, Ludw., Dr. med., Berlin W, Uhlandstr. 27.
Fischer, Armin, Dr., Bln.-Schöneberg, Innsbrucker Str. 19.
Fischer, Bernh., Prof. Dr. med., Frankfurt a. M., Niederräder Landstr. 36.
Fischer, Eduard, Dr., Wiesbaden, Adolfsallee 49.
Fischer, Ernst, Dr. med., Hamburg 36, Neuer Jungfernstieg 6, II.
Fischer, Ernst, Dr., Frankfurt a. M., Animal.-physiolog. Inst. d. Univ.
Fischer, Franz, Dr. med., Düsseldorf, Jakobistr. 16.
Fischer, Franz, Geh. Reg.-Rat Prof. Dr., Mülheim a. R., Kais.-Wilh.-Inst. für Kohlenforschung.
Fischer, Gust., Dr. phil., Verlagsbuchhändler, Jena.
Fischer, H., Dr. dent. surg., Frankfurt a. M., Friedberger Allee 31.

Fischer, Hans, Prof. Dr., München, Organ. chem. Labor. d. Techn. Hochschule.
Fischer, Hermann, Dr. phil., Wannsee b. Berlin, Moltkestraße 24.
Fischer, Karl F., Dr., a. o. Prof. d. Physik a. d. Techn. Hochschule, Solln b. München, Albrecht-Dürer-Str. 1.
Fischer, Max, Dr., Iglau/Mähren/Tschech.-Slow.
Fischer, Max Heinrich, Dr., Prag 6, Albertow 5, Physiolog. Inst.
Fischer, Oscar, Prof. Dr. med., Prag, Deutsche Univ.
Fischer, Oskar, Dr., Chefarzt, Dresden-Blasewitz, Waldpark-Sanator.
Fischer, Otto, Geh. Rat Prof. Dr. phil., Erlangen, Hindenburgstr. 40.
Fischer, Rudolf, Dr., Teplitz b. Schönau, Uherrstr. 2.
Fischer, Wilhelm, Stud.-Rat Dr., Dornstetten/Württemb.
Fitting, H., Prof. Dr., Bonn, Poppelsdorfers Schloß.
Flach, Dr. med., leit. Arzt d. inn. Abt. d. Städt. Krankenhauses, Frankenthal/Rheinpfalz.
Flachs, Richard, Dr. med., Dresden-A. 1, Sidonienstr. 6.
Flamm, Ludwig, Prof. Dr., Wien IV, Techn. Hochschule.
Flaschenträger, Bonifaz, Dr. ing. et. med., Leipzig, Brüderstraße 55.
Flaskamp, Wilhelm, Dr. med., Erlangen, Frauenklinik der Univ.
Flatau, Germanns, Dr. med., Stadt-Obermed.-Rat, Oberarzt a. d. städt. Heil- u. Pflegeanstalt, Gerichtsarzt, Dresden-A 5, Löbtauer Str. 35.
Flatau, Siegfried W., Hofrat Dr., Nürnberg, Hindenburgplatz 16.
Flatau, Theod. F., San.-Rat Prof. Dr., Berlin W 35, Potsdamer Str. 113.
Flegenheimer, Willy, Dr. med., Heilbronn a. N., Roßkampfstr. 21.
Fleiner, Wilhelm, Geh. Hofrat Prof. Dr. med., Heidelberg, Seegarten 8.
Fleisch, A., Dr., Zürich, Zollikerstr. 104.
Fleischer, Dr. med., Düsseldorf, Kölner Str. 214.
Fleischer, Karl, Priv.-Doz. Dr., Frankfurt a. M., Körnerwiese 10.
Fleischer, Max Arno, Stadtveterinärrat Dr., Zwickau/Sa.

Fleischmann, Dr., Königsberg/Preußen, Tragheimer Pulverstraße 30, I.
Flemming, Max, Dr., Halle a. S., Robert-Franz-Str. 1a.
Fließ, Wilh., San.-Rat Dr. med., Berlin W 10, Von-der-Heidt-Straße 1.
Flörcken, Heinrich, Frankfurt a. M., Marienkrankenhaus.
Florey, Obering., Dresden-A., Pohlandstr. 6.
Foà, Pio, Prof. Dr. med., Turin, Via d Esposizione 15.
Fochtmann, Alban, Stud.-Rat., Leipzig, Kantstr. 12, II.
Focke, Dr. med., Düsseldorf, Duisburger Straße.
Foehr, B., Prof. Dr., Zöblitz/Erzgeb.
Förster, Rudolf, Obering., Münster i. W., Raesfeldstraße 48, I.
Förster, Walter, Dr., Oberarzt d. Städt. Krankenhauses, Suhl/Thüringen.
Fornet, Walter, Dr., Saarbrücken I, Feldmannstr. 26.
Forschner, W. K., i. Fa. Vieweg & Sohn, Braunschweig.
Forßell, Gösta, Prof. Dr., Stockholm, Bergsgatan 2.
Forster v., Siegm., Hofrat Dr., Nürnberg, Egydienplatz 35.
Fränkel, A., Prof. Dr., Marburg a. L., Breiter Weg 7.
Fraenkel, Eugen, Prof. Dr. med., Hamburg 36, Alsterglacis 12.
Fraenkel, Stefan, Wien II, Am Tabor 1.
Franck, Heinrich, Priv.-Doz. Dr., Bln.-Westend, Württembergallee 26/27.
Franck, James, Prof. Dr. phil., Physiker, Göttingen, Baurat-Gerber-Str. 19.
Frangenheim, Paul, Prof. Dr., Dir. d. chirurg. Univ.-Klinik, Köln, Augusta-Hospital.
Frank, Dr., Hochschulprof., Weihenstephan.
Frank, Anton, Prosektor Dr., Köln-Klettenberg, Rhöndorfer Str. 74.
Frank, Eugen, Dr., Gleiwitz.
Frank II, Fritz, Dr. med., Köln, Salierring 43, hpt.
Frank, Leonhard, Dr., Mitgl. d. Hauptgesundheitsamtes d. Stadt Berlin, Berlin C 2, Fischerstr. 39—42.
Frank, Max, Dr. med., Altona a. E., Klopstockstr. 15.
Frank, Otto, Dr. med., München, Haydnstr. 5.
Frank, Rud., Kommerzienrat Dr., Bln.-Zehlendorf-West, Adalbertstr. 60—62.
Franke, F. A. E., Prof. Dr., Kolberg, Kaiserplatz 25.

Frankenthal, Ludwig, Dr., Leipzig, Jacobstr. 9.
Frankfurter, Otto, Dr. Chefarzt, Wien I, Parkring 16.
Frankt, Oskar, Dr., Direktor d. Urania, Prag II, Smecky 22.
Franqué, v., Otto, Geh. Med.-Rat Prof. Dr. med., Bonn a. Rh., Theaterstr. 5.
Franz, Karl, Geh. Med.-Rat Prof. Dr., Berlin NW 23, Brückenallee 4.
Franz, Rupert, Univ.-Doz. Dr., Wien I, Schmerlingplatz 2.
Franzen, Hans, Dr., Hamburg 13, Rothenbaumchaussee 17, ptr.
Fredenhagen, Karl, Prof. Dr. phil., Greifswald, Markt 12.
Freimann, A., Dr., Leipzig, Gohliser Straße 3.
Frenkel-Heiden, Heinrich, Prof. Dr. med., Bad Oeynhausen.
Frenzel, Johs., Ing., Dresden-A. 24, Zwickauer Str. 40—42.
Frese, Otto, Prof. Dr. med., Halle a. S., Mühlweg 45.
Fresenius, Heinrich, Geh. Reg.-Rat Prof. Dr., Wiesbaden, Heinrichsberg 2.
Fresenius, Th. Wilh., Prof. Dr., Wiesbaden, Kapellenstraße 63.
Freudenberg, Alb., Dr. med., Berlin W 50, Tauentzienstraße 9.
Freudenberg, Ernst, Prof. Dr. med., Marburg, Univ.-Kinderklinik.
Freudenberg, Karl, Prof. Dr., Karlsruhe/Baden, Englerstraße 3.
Freudenberg, W., Prof. Dr., Heidelberg, Bergstr. 117.
Freund, H., Dr., Halle a. S., Blumenstr. 19 ptr.
Freund, Hermann, Prof. Dr. med., Frankfurt a. M., Bockenheimer Landstr. 35.
Freund, Hermann, Prof. Dr., Heidelberg, Franz-Knauff-Straße 12.
Freund, Hugo, Dr. med., Heidenheim a. Brenz.
Freund, M., Dr., Chemiker, Fabrikbes., Bln.-Wilmersdorf, Helmstedter Str. 28.
Freund, Rich., Prof. Dr., Berlin NW, Alexanderufer 6.
Freund, Rob., Prof., Böhm. Krumau, Azt. Prag, Karlin, Harli ikova 13.
Freund, Walter, Dr., Frankfurt a. M., Schubertstr. 20.
Frey v., M., Prof. Dr. med., Würzburg, Physiolog. Institut.
Frey, O., Prof. Dr., Leipzig, Eichendorfferstr. 34, III.

Frey, Peter, Dr. dent. surg., Frankfurt a. M., Opernplatz 2a.
Frey, v., Wolfg., Dr., Köln-Lindenburg, Univ.-Kinderklinik.
Frick, Hermann, Geh. Reg.-Rat Prof. Dr., Hannover, Rühmkorffstr. 15.
Fricke, Dr., Wetzlar, Frankfurter Str. 24.
Fricke, Max, Oberlehrer, Geologe, Zwickau/Sa., Stiftstr. 3.
Fricke, Robert, Dr. phil. et. med., Priv.-Doz. für Chemie, Münster/Westphalen, Gertrudenstr. 15, II.
Frickhinger, Gottfr., Dr., München, Königinstr. 19.
Frickhinger, Hans Walter, Dr., wiss. Mitgl. d. Forschungsinst., Zoologe f. angewandte Zoologie, München, Kaulbachstr. 63a, III.
Frieben, Dr., Barnstedt/Holstein.
Frieboes, W., Prof. Dr., Rostock/Mecklbg., Bismarckstraße 10.
Friedberger, E., Prof. Dr., Gießen, Südanlage 5.
Friedberger, Otto, Dr., Wiesbaden, Schenkendorfstr. 3.
Friedemann, Friedrich Franz, Prof. Dr., Berlin W 15, Meinekestr. 5.
Friedemann, Hermann, Dr. med., Leipzig, Humboldtstr. 21.
Friedemann, Martin, Dr., Chefarzt d. städt. Krankenhauses Langendreer, Von-der-Recke-Str. 17.
Friederich, Ernst, Dr., Charlottenburg, Spandauer Berg 23.
Friedländer, Ad., Hofrat Prof. Dr. med., Littenweiler b. Freiburg/Baden, Haus Sonnblick.
Friedländer, Immanuel, Dr., Napoli-Vomero, Via Luigia Sanfelice 60.
Friedlaender, Martin, San.-Rat Dr., Berlin NW, Karlstraße 19.
Friedländer, Rosa, Frl. Dr., Bln.-Pankow, Neue Schönholzer Str. 6.
Friedmann, Max, Dr., Mannheim, Rheinstr. 1.
Friedrich, Dr., Oberstabsveterinär a. D., Königsberg/Pr., Hermannallee 2.
Friedrich, Hans, Dr. med., Leipzig, Grassistr. 24.
Friedrichs Polytechnikum, Cöthen, siehe Prof. Föhr, Cöthen.
Fries, Siegmund, Geh. San.-Rat Dr., Göttingen, Baurat-Gerber-Str. 7.

Frik, Karl, Dr. med., Dir. d. Werner-Siemens-Inst. f. Röntgenforschung, Berlin NW 52, Spenerstr. 9.
Fritsche, Dr., Oranienbaum/Anhalt, Brauerstr. 40.
Fritschek, Felix, Dr., Prag II, Anatom. Inst. d. Univ.
Fritz, Frau Dr., Wildbad/Württemberg.
Fritz, H., Dr. med., Wildbad/Württemberg.
Froboese, Dr., Heidelberg, Gaisbergstr. 101.
Fröhlich, Richard, Dr., Primararzt, Wiener Neustadt, Bahngasse 48.
Fromherz, K., Dr., Höchst a. M., Dalbergstr. 3.
Fromm, Emil, Prof. Dr. phil., Wien IX, Währingerstr. 25.
Fromm, Eugen, Dr. med., München, Ohmstr. 15.
Fromme, Dr., Paderborn, Rosenstr. 8.
Fromme, Albert, Prof. Dr., leitender Arzt d. chirurg. Abteilung d. Stadtkrankenhauses Friedrichstadt, Dresden-A., Bürgerwiese 8.
Fromme, H., Frl. Dr. med., Aschersleben, Augusta-Promenade 2.
Froning, Ferdinand, Dr. med., Wesel, Brückstr. 45.
Frühwald, Richard, Prof. Dr., Chemnitz, Kaiserstr. 20.
Fuchs, Julius, Dr., Baden-Baden, Darmstädter Hof.
Fuchs, Richard, Prof. Dr., Bln.-Halensee, Ringbahnstr. 7.
Fuchsig, Ernst, Primararzt Dr., Schärding/Ob.-Österreich.
Füchtbauer, Chr., Prof. Dr., Physik. Inst. d. Univ., Rostock/Mecklenburg.
Führner, Hermann, Prof. Dr. phil. et. med., Leipzig, Liebigstr. 10.
Fülscher, Dr., Hamburg 4, Reeperbahn 159.
Fürer, Carl, Dr., Haus Rockenau b. Eberbach/Baden.
Fürst, T., Dr. med. dent., Hamburg 36.
Fueß, R., Bln.-Steglitz, Düntherstr. 8.
Füth, Heinr., Prof. Dr. med., Köln a. Rh., Kaiser-Wilhelm-Ring 20.
Füth, Johannes, San.-Rat Dr., Koblenz, Mainzer Str. 75.
Fuhr, Alfred, Dr. med., Calau b. Berlin, Cottbusser Str. 23.
Funccius, Bruno, Prosektor Dr. med., Elberfeld, Menzelstraße 5.
Funccius, Th., Dr. Chefarzt d. Amtskrankenhauses, Hemer/Westfalen, Hauptstr. 114.
Funk, H., Dr., München, Neureuther Str. 19.

Furtwängler, Th., Prof. Dr., Wien XVIII, Messerschmidtgasse 45.
Fuß, Dr. med., Ludwigshafen a. Rh., Kaiser-Wilhelm-Straße.

Gabbe, Erich, Dr. med., Würzburg, Alleestr. 11.
Gabriel, Anton, Geheimrat Prof. Dr., Halle a. S., Nervenklinik.
Gabriel, Gustav, Dr., Bad Nauheim, Medico-mech. Zander-Institut.
Gadamer, Joh., Geh. Rat Prof. Dr. phil., Marburg a. L., Marbacher Weg 15.
Gademann, Ferd., Dr., Fabrikbesitzer, Schweinfurt a. M., Gartenstr. 16.
Gärtner, Rudolf, Dr. med., Worms, Siegfriedstr. 24.
Gaffron, E., Geh. Medizinalrat Dr., Bln.-Schlachtensee.
Galewsky, Eug., Prof. Dr. med., Dresden-A, Christianstraße 21.
Galewsky, Paul, Dr. phil., Dresden-A., Christianstr. 21.
Gallenkamp, W., Großhesselohe b. München.
Gans, v., Ludw. Wilh., Oberursel a. T.
Ganz, Margarethe, Studienrat Dr. phil., Chemnitz, Weststraße 52.
Gans, Oskar, Prof. Dr., Heidelberg, Bergstr. 87.
Garbrecht, H., Dr. of. dent. Surgery, München, Herzog-Rudolf-Str. 6.
Garré, Karl, Geh. Med.-Rat Prof. Dr., Bonn, Koblenzer Straße 120.
Gasters, Ferdin., Dr. Med.-Rat, Kreisarzt, Stadtarzt, Mülheim a. R., Schloßstr. 35.
Gaugele, San.-Rat Dr. med., Zwickau/Sachsen, Crimmitschauer Str. 2.
Gaupp, Robert Prof. Dr. med., Tübingen, Osianderstr. 18.
Gauß, Karl, Prof. Dr., Würzburg, Oberdürbacher Str. 2.
Gawoonsky, Priv.-Doz. Dr., Bern, Frikartweg 3.
Gazert, Hans, Dr. med., Partenkirchen.
Gebbing, Johannes, Dr., Dir. des Zoolog. Gartens, Leipzig.
Gebhardt, Friedr. Emil, Dr. med., Leipzig, Sternwartenstraße 79.
Gebhardt, Walter, Dr. med., Leipzig, Gohliser Str. 23.
Gebühr, Rudolf, Studienrat, Mörs a. Rh., Mittelstraße.
Gegenbauer, Viktor, Dr., Wien XVIII, Karl-Beck-Gasse 39.

Gegner, Fritz, Fabrikleiter, Lübtheen/Mecklenburg.
Gehlhoff, Georg, Dir. Dr. phil., Bln.-Zehlendorf, Teltower Straße 12a.
Gehrke, Wilhelm, Dr. med., Dir. des städt. Gesundheitsamts, Stettin, Scharnhorststr. 2.
Geibel, Wilh., Dr., Hanau, Frankfurter Landstr. 43.
Geiger, Hans, Prof. Dr., Bln.-Cöpenick, Dahlwitzer Str. 49.
Geilen, V., Priv.-Doz. Dr., Münster/Westfalen, Heisstraße 10, II.
Geipel, Erich, Dr., Dresden-A., Sedanstr. 20.
Geipel, Hans, Dr., Leipzig, Leutzscher Str. 76.
Geißler, Johannes Dr. phil., Piesteritz/Bez. Halle.
Geißler, Kurt, Univ.-Doz. Dr., Eisenach, Mariental N. 24,
Geißler, Wilhelmine, Frau Dr., Eisenach, Mariental 24.
Geitner, Felix, Stadtrat, Fabrikbes., Schneeberg/Sachsen.
Geitner, Hans, Dr. med., Schneeberg-Neustädtel.
Gelei, Josef, Dr., Szeged/Ungarn, Tisca dajos könet 6, Zool. Inst.
Gelfert, Johannes, Oberstudiendir. Prof. Dr., Zwickau/Sa.
Gellert, Hans, Dr. med., Leipzig-Reudnitz, Riebeckstr. 7b.
Gellhorn, E., Dr. phil. et. med., Halle a. S., Sophienstr. 31.
Gembicki, L., Dr., Hamburg 24, Mundsburger Damm 42.
Genkin, Arkady, Dr., Mülheim a. d. Ruhr, Eppinghofer Straße 85.
Gent, Dr. med., Göttingen, Alleestr. 2, II r.
Genthe, K. W., Oberstudienrat Prof. Dr., Chemnitz, Neefestraße 13.
Georgi, Albert, Dr., Leipzig, Eutritzscher Str. 20.
Georgi, Arthur, Verlagsbuchhändler, Inh. d. Fa. Paul Parey, Berlin SW 11, Hedemannstr. 10.
Gerdien, Hans, Prof. Dr. phil., Bln.-Grunewald, Franzensbader Str. 5.
Gerhardi, Wilh., San.-Rat Dr. med., Dortmund, Viktoriastraße 16.
Gerhartz, Jos., Dr., Mülheim a. d. Ruhr, Weißenburger Straße 4.
Gericke, Wilh., Geh. San.-Rat Dr., Eberswalde, Düppelstraße 13.
Gerlach, Erwin, Bln.-Siemensstadt, Allee 92, I.
Gerlach, W., Prof. Dr., Frankfurt a. M., Robert-Meyer-Straße 2.

Gerloff, Fritz, Studienassessor, Bln.-Buch, Siedlung 42
Gerngroß, O., Prof. Dr., Bln.-Grunewald, Hagenstr. 29.
Gernsheim, Fritz, Dr. med., Worms a. Rh., Schloßgasse 2.
Gerson, Max, Dr., Bielefeld, Gütersloher Str. 9b.
Gerulanos, M., Dr., Prof. a. d. Univ., Athen, Sinastr. 36.
Geyer, Louis, Dr. med., Zwickau/Sachsen, Schumannstr. 5.
Ghon, Anton, Prof. Dr., Vorstand d. patholog. Inst. Prag II, Deutsche Univers., Vetrnicka 2.
Gidionsen, Herm., Dr., Düsseldorf, Graf-Adolf-Str. 22, I.
Giebe, Erich, Prof. Dr. phil., Charlottenburg, Schloßstraße 7/8.
Giemsa, Prof. Dr., Hamburg, Sierichstr. 82.
Giese, Ernst, Prof. Dr., Bezirksarzt, Jena, Botzstr. 3.
Giesenhagen, Karl, Prof. Dr., München, Schackstr. 2, II.
Gilbert, Leo, Wien VIII, Buchfeldgasse 19.
Gildemeister, Martin, Prof. Dr., Leipzig, Königstr. 33.
Gillert, Ernst, Dr., Berlin SW 68, Ritterstr. 59.
Ginsberg, Siegmund, San.-Rat Prof. Dr., Berlin W, Uhlandstr. 148.
Girgensohn, Erich, Dr., Reval/Estland, Narosche-Str. 52A.
Giulini, Leo, Dr., Kaisheim, Bez.-Amt, Donauwörth/Bayern.
Gladbach, Wilhelm, Apotheker, Köln, Norbertstr. 38.
Glaeser, Georg, Dr. med., Chemnitz, Kirchenwaldring 12.
Glahn, W., Dr., Westhoven a. Rh.
Glaue, H., Dr. nat., Stolpmünde/Kr. Stolp.
Gleisberg, W., Dr., Vorstand d. Station für gärtner. Pflanzenzüchtung, Proskau/Ober-Schles.
Gleitsmann, Hanns, Dr., Marineoberstabsarzt, Kiel, Gerhardstr. 56.
Glimm, E., Prof. Dr., Danzig-Langfuhr, Techn. Hochschule.
Glogau, E. A., Zahnarzt, Frankfurt a. M., Reuterweg 75.
Gnüchtel, Walter, Reg.-Vet.-Rat Dr., Stollberg/Erzgeb., Hohensteiner Str. 399D.
Gocht, Herm., Prof. Dr. med., Berlin W 35, Genthiner Straße 16.
Goebel, J., Dr. phil., Schweinfurt a. M., Ultramarinfabrik.
Goebel, Otto, Dr. med., Ruhrort, Mühlenstraße.
Göbell, Rudolf, Prof. Dr. med., Kiel, Düvelsbecker Weg 19.
Goedicke, Alfred E., Dipl.-Ing., Trostberg/Oberbayern.
Göppert, Friedrich, Prof. Dr. med., Göttingen, Hoher Weg 7.

Göring, Dr. med. et. jur., Prof., Elberfeld, Gustavstr. 7.
Göthel, W., Leipzig-Stötteritz, Holzhäuserstr. 11.
Goetjes, Herbert, Dr. med., Worms, Berggartenstr. 8.
Goetze, Otto, Prof. Dr., Oberarzt d. Chirurg. Univ.-Klinik, Frankfurt a. M., Paul-Ehrlich-Str. 50.
Goetze, Rob., Glastechniker, Leipzig, Nürnberger Str. 56.
Goetze, Rudolf, Studienassessor, Dresden-A. 16, Fürstenstraße 54.
Goldberg, E., Prof. Dr. phil., Dresden-A. 16, Ludwig-Richter-Straße 35.
Goldenberg, Dr., Cluj/Rumänien, Sto. Meworonal 24.
Goldharz, Carl, Dr. med., Klingenthal/Sachsen.
Goldman, Hugo, Dr., Bes. d. Heilanstalt Oedenburg/Ung.
Goldmann, A., Dr. med., dirig. Arzt a. Krankenhaus Lodz/Polen.
Goldmann, Erwin, Dr., Stuttgart, Tübinger Str. 3.
Goldmann, Rud., Dr. med., Graz/Österreich, Ruckerlberggürtel 18.
Goldschmid, Edgar, Prof. Dr. med., Frankfurt a. M., Mainzer Landstr. 2.
Goldschmidt, Franz, Dr. med., Düsseldorf, Lorettostr. 10.
Goldschmidt, H., Dr. phil., Prof. d. Chemie, Oslo, Ullevoldtsveien 58.
Goldschmidt, Richard, Prof. Dr., Schlachtensee, Heinrichstraße 5c.
Goldschmidt, Stefan, Prof. Dr., Karlsruhe, Techn. Hochschule, Org. Institut.
Goldschmidt, Waldemar, Dr., Wien IX/3, Klinik Eiselsberg, Alserstr. 4.
Goldstein, Kurt, Prof. Dr. med., Frankfurt a. M., Staufenstraße 31.
Gordon, Walter, Dr. med., Hildesheim, Zingelstr. 24.
Gorke, Herbert, Dr., Leverkusen b. Köln, Kölner Str. 344.
Gorn, W., Dr. med., i. Fa. C. F. Boehringer & Söhne, Zoppot, Große Unterführung 1.
Gottfried Carl, Dr., Ass. a. chem. Lab. d. Univ., Heidelberg, Überlestr. 2.
Gottschalk, A., Dr. med., Ass. a. Kaiser-Wilhelm-Inst. d. Biochemie, Charlottenburg 2, Hardenbergstr. 10.
Gottschalk, Eugen, Dr. med., Breslau, Königsplatz 7.

Gottschick, Hans, Reg.-Med.-Rat Dr. med., Leipzig-Dösen, Landesanst.
Graebsch, Herbert, Dr. med., Dortmund-Brackel, Brackeler Hellweg 118.
Gräf, R., Studienrat, Plauen, Hofniesenstr. 12.
Graefe, Prof. Dr., Dresden-A., Walderseeplatz 4.
Graefe, E., Prof. Dr., Dresden-A., Bernhardstr. 21.
Graefe, Max, Geh. San.-Rat Dr., Halle a. S.
Gräfenberg, Leopold, Dr., Köln-Lindenthal, Wüllnerstraße 110.
Graeßner, Prof. Dr., leit. Arzt des Röntgen- u. Lichtinstitut, Köln, Bürgerhospital.
Graetz, Friedr., Dr. med., Hygien. Institut, Hamburg, Moltkestr. 1.
Graetz, Leo, Dr., Prof. d. Physik, München, Friedrichstraße 26.
Grätz, Ludwig, Prof. Dr., Mödling, Babenberger Str. 9.
Graf, Walther, Dr. med., Leipzig-E., Krankenhaus St. Georg, Chir. Abtlg.
Graf, Prof. Dr., Düsseldorf, Kapellenstr. 9.
Grahl, Hermann, Dr. phil., Freiberg, Schloßstr. 13.
Grahl, Walter, Dr. med., Partenkirchen, Haus 282.
Gralka, Richard, Dr., Breslau 16, Univ.-Kinderklinik.
Gravelius, Harry, Prof. Dr., Dresden-A., Reißigerstr. 13.
Greif, Georg, Generaloberarzt Dr. med., Leipzig, Albertstraße 36.
Greif, Ulrich, Dr. med., Leipzig, Kaiser-Wilhelm-Str. 70, 1.
Greil, Prof. Dr., Innsbruck, Schöpfstr. 23.
Grimm, Hermann, Dr. med., Landau/Pfalz.
Grimm, H. G., Prof. Dr., Würzburg, Schönleinstr. 3.
Grimme, Cl., Dr., Landwirtschaftliche Versuchsstation, Hamburg 26.
Grimpe, Prof. Dr., Leipzig 13, Talstr. 33, Zoolog. Inst.
Groedel, Franz, Priv.-Doz. Dr. med., Bad 'Nauheim, Terrassenstr. 2—4.
Groenouw, Arthur, Geh. San.-Rat Prof. Dr. med., Breslau XIII, Kaiser-Wilhelm-Str. 95.
Groer, Josef, Prof., Lemberg/Galizien, Univ.-Kinderklinik.
Gros, Oscar, Prof. Dr., Kiel, Beselerallee 54.
Groskurth, Studienrat Dr., Lübeck, Geniusstr. 1.

Groß, Eberhard, Priv.-Doz. Dr. med., Heidelberg, Handschuhheimer Landstr. 45c.
Groß, Philipp, Dr., Wien IX, Währingerstr. 42.
Grosse, Ludwig, Geh. San.-Rat Dr. med., Stuttgart, Neckarstr. 82.
Grosse, W., Prof. Dr., Bremen-Freibez., Meteorolog. Observatorium.
Grösz, v., Emil, Hofrat Prof. Dr., Budapest VIII, Baross-Gasse 10.
Grote, R. L., Priv.-Doz. Dr., Dresden, Sanat. Weiß. Hirsch.
Grothusen, Med.-Rat Dr., Bad Nauheim, Bahnhofsallee 8.
Grotrian, Walter, Dr., Potsdam, Astro-Physik. Observ., Telegraphenberg.
Grouven, Karl, Prof. Dr. med., Halle a. S., Trothaerstr. 63.
Gruber, Fritz, Prof., Wien III, Radetzkystr. 2.
Gruber, B. Georg, Prof. Dr., Innsbruck-Hötting, Sternwartstraße 18.
Gruber, Karl, Prof. Dr., München, Pienzenauer Str. 32.
Gruber, v., Max, Geh. Rat Prof. Dr. med., München, Prinzenstr. 10.
Grübler, Martin, Staatsrat, Geh. Hofrat Prof., Dresden-A. 27, Bernhardstr. 98.
Grün, Adolf, Dr., Schreckenstein b. Aussig.
Grüneberg, B., San.-Rat Dr., Altona, Kinderhosp., Allee 91.
Grüneberg, Hans, Elberfeld, Aue 98.
Grüneberg, Richard, Köln a. Rh., Sachsenring 69.
Grünewald, August, Dr. med., Frankfurt a. M., Wolfsgangstraße 4.
Grünthal, Dr. med. dent., Pößneck/Thür.
Grünthal, Emanuel, stud. phil., Berlin W 30, Landshuter Straße 17.
Grützemacher, W., Dr. med., Lippspringe.
Grützner, Rudolf, Dr., Fabrikdir., Augsburg, Maximilianstraße A. 25.
Gruhle, Hans, Prof. Dr., Friesenberg 6, Heidelberg.
Grunert, Emil, Dr. med., Dresden-A. 24, Chemnitzer Str. 17b.
Grunert, Karl, Prof. Dr., Bremen, An der Brake 5/6.
Grusewski, Dr., Fraustadt, Grenzmark Posen/Westpr.
Gudden, B., Prof. Dr., Göttingen, Am weißen Stein 18, I.
Gudden, Clemens, San.-Rat Dr., Bonn, Buschstr. 2.
Guder, Paul, Geh. Med.-Rat Dr., Kreisarzt, Laasphe/W.

Gudzent, Robert, Dr., Fabrikdir., Barmen, Sophienstr. 17.
Gudzent, Fritz, Prof. Dr. med., Charlottenburg, Schillerstraße 124.
Güdemann, Josef, Dr., Wien I, Werderthorgasse 17.
Günthel, Karl, Lehrer, Roßwein/Sa., Mühlstr. 16.
Günther, Hans, Prof. Dr. med., Leipzig, Medizin. Klinik, Liebigstr. 20.
Günther, Heinrich, Med.-Rat Dr., Kreisarzt, Hagenow/M.
Günther, Ludwig, Dr., Gymnasiallehrer, München, Ungererstraße 86, II.
Günther, Paul, Dr., Charlottenburg 2, Grolmanstr. 15.
Gürich, G., Prof. Dr., Hamburg, Dimpfelweg 5.
Gürsching, Martin, cand. med., Heidelberg, Karl-Ludwig-Straße 8a.
Guillery, M., Dr., Köln-Lindenthal, Gleueler Str. 53.
Gummert, Ludwig, San.-Rat Dr. med., Essen, Gebrandenstraße 25.
Gumpel, Fritz, cand. med., Leipzig, Sidonienstr. 67, I.
Gumprecht, Ferd. A., Geh. Med.-Rat Prof. Dr., Weimar, Berkaer Str. 1.
Gurau, Siegfried, Dr., Berlin W 8, Mohrenstr. 52.
Gußmann, v., Felix, Ober-Med.-Rat Dr., Stuttgart, Neckarstraße 5.
Gutbier, Prof. Dr., Jena, Am Landgrafen 1.
Gutenberg, B., Priv.-Doz. Dr., Darmstadt, Mühlstr. 6.
Gutfeld, von, Fritz, Dr. med., Berlin W 35, Magdeburger Straße 3.
Guth, Ernst, Primararzt Dr., Außig a. E.
Guthzeit, Martha, Dr. med., Leipzig, Dessauer Str. 16, I.
Gutsch, Ludwig, Med.-Rat Dr., Karlsruhe, Kaiserstr. 182.

Haakh, Hermann, Dr., Chemiker, Luckenwalde, Haag 19. aspe/Holst.
Haakh, Hermann, Dr., Chemiker, Luckenwalde, Haag 19.
Haase-Besell, Gertraud, Botanikerin, Dresden-N., Hospitalstraße 3.
Habel, F., Dipl.-Landwirt, Kappeln/Schleswig-Holstein.
Haber, Fritz, Geh. Reg.-Rat Prof. Dr. phil. Dr. ing. e. h., Berlin-Dahlem, Faradayweg 4.
Haberer, von, Hans, Prof. Dr., Graz, Chir. Univ.-Klinik.
Haberkant, Reg.-Med.-Rat Dr., Detmold, Emilienstr. 20.

— 49 —

Haberland, Dr., Riesenburg/Westpr.
Haberland, H. F. O., Dr. med. Priv.-Doz. für Chirurgie, Köln a. Rh., Augusta-Hospital.
Haberlandt, Ludw., Prof. Dr., Innsbruck, Physiol. Inst. der Universität.
Haberling, Dr., Ober-Reg.-Med.-Rat, Koblenz, Hohenzollernstraße 19.
Habermann, Priv.-Doz. Dr., Hamburg, Eppendorfer Krankenhaus, Hautklinik.
Habs, Rudolf, Prof. Dr., Dir. Arzt der städt. Krankenanstalten, Magdeburg, Dreienzelstr. 19.
Hach, Felix, Dr., Riga, Reimerstr. 1.
Hach, Kurt, Priv.-Doz. Dr., Dir. Arzt a. Deutschen Krankenhaus, Riga, Kirchenstr. 13, W. 6.
Hackländer, Friedrich, Dr., Essen-Bredeney, Waldstr. 40-42.
Haeberlin, Karl, Dr. med., Leit. Arzt d. städt. Krankenhauses Bad Nauheim.
Haecker, V., Prof., Halle a. S., Mozartstr. 20, p.
Hähnle, Hermann, Ing., Giengen/Brenz.
Hämmerle, J., Dr., Oberlehrer, Süderwisch b. Cuxhaven.
Haen, de, W., Kommerzienrat Dr., Hannover, Schiffgraben 34.
Haenel, Friedrich, Hofrat, Geh. San.-Rat Dr. med., Dresden-N., Oberer Kreuzweg 4.
Haenel, Hans, Dr. med., Dresden-A., Prager Str. 42.
Hänsel, Rudolf, Med.-Rat Dr., Chemnitz, Kronenstr. 26.
Hänsgen, Ernst, Stabsveterinärrat am Remonteamt, Liesken, Post Schippenbeil/Ostpreußen.
Häusser, Friedrich, Prof. Dr. ing., Dortmund - Eving, Deutsche Str. 24.
Häußler, Alfred, Dr. ing., Niederingelheim a. Rh., Binger Straße 65.
Haffner, Felix, Dr. med., München, Jagdstr. 7.
Hagemann, Oskar, Geh. Reg.-Rat Prof. Dr., Bonn, Ermekeilstr. 6.
Hagen, Wilh., Dr. med., Nürnberg, Westtorgraben 15.
Hagenbach, August, Prof. Dr., Basel, Schönbeinstr. 38.
Hager, C., Dr., Dir. d. Versuchsstation der Landwirtschaftskammer der Rheinprovinz, Bonn.
Hager, Georg, San.-Rat Dr. med., Stettin, Pölitzer Str. 84.
Hager, Konrad, San.-Rat Dr., Gotha, Brühl 23.

Hahn, Prof. Dr., Geh.-Rat a. Hygien. Inst. d. Universität, Berlin NW 7, Dorotheenstr. 28a.
Hahn, San.-Rat Dr. med., Bad Nauheim, Karlstr. 23.
Hahn, Friedrich L., Prof. Dr., Frankfurt a. M., Sternstr. 44.
Hahn, von, Friedr. Vincenz, Dr., Hamburg - Wolksdorf, Hüßberg 11.
Hahn, Leo, Dr., Teplitz-Schönau, Lindenstr. 15.
Hahn, Otto, Prof. Dr., Berlin-Dahlem, Ladenbergstr. 5.
Haid, Stud.-Rat, Hilden/Rheinl., Schwanenstr. 17.
Haike, Heinrich, Prof. Dr., Berlin W 50, Tauentzienstr. 7b.
Haim, Emil, Wien I, Maria-Theresien-Str. 10.
Hallauer-Niederer, Otto, Prof. Dr., Basel, Spalenring 147.
Haller, Emma, Frl. Dr., Bln.-Wilmersdorf, Güntzelstr. 36.
Halphen, Hede, Frau Dr., Prag/Tsch.-Slow., Mikulasska 22.
Hambloch, Ant., Dr. Ing., Andernach a. Rh., Breite Str. 78.
Hambloch, Hans, Med.-Prakt., Andernach a. Rh., Breite Straße 78.
Hamel, Georg, Prof. Dr., Berlin W 30, Eisenacher Str. 35.
Hamkens, Hermann, Dr. med., Rödemis b. Husum.
Hammer, Fritz, Dr. phil., Fahr/Rhld.
Hammer, Karl, Prof. Dr., Heidelberg, Kronprinzenstr. 1.
Hammer, Wilhelm, Dr., Wien III/2, Rasumofskygasse 23, Geolog. Bundesanstalt.
Hammesfahr, Frau Dr., Magdeburg, Breiter Weg 120.
Hammesfahr, Karl, Dr., Magdeburg, Breiter Weg 120.
Hampe, Dr. med., Braunschweig, Steintorwall 11.
Hampel, Erich, Dr. med., Leipzig, Hainstr. 31.
Handmann, Martin, Dr. med., Döbeln, Roonstr. 1.
Handovsky, Hans, Dr., Göttingen, Herzberger Landstr. 38.
Hanewald, R., Stud.-Rat Dr., Magdeburg, Pappelallee 18.
Hannes, Walther, Prof. Dr. med., Breslau XVI, Kaiserstraße 11, II.
Hansen, Friedrich, Med.-Rat Stabsarzt Dr. med., Chemnitz, Ulmenstr. 36.
Hansen, Wilh., Apothekenbes., Worbis.
Hanser, Robert, Prof. Dr., Ludwigshafen a. Rh., Städt. Krankenhaus, Luisenstr. 4.
Hanssen, Ernst, Gernrode/Harz, Kirchweg 2.
Hantzsch, A., Geh. Hofrat Prof. Dr. phil., Leipzig, Liebigstraße 18.

Harms, Dr. med., Chefarzt, Mannheim B 14 9, Tuberkulose-Krankenhaus.
Harms, Dr., Berlin NW 21, Turmstr. 21.
Harrassowitz, Hermann, Prof. Dr., Gießen, Ludwigstr. 30.
Hartmann, C. A., Dr. phil. nat., Bln.-Siemensstadt, Rohrdamm 53, I rechts.
Hartmann, Fritz, Prof. Dr., Graz, Universität.
Hartmann, Georg, Ing., Bln.-Charlottenburg, Wallstr. 50, I.
Hartmann, Hans, Dir. des Stadtvermessungsamtes u. der Wetterwarte, Plauen i. V., Seminarstr. 17.
Hartmann, M., Prof. Dr., Bln.-Dahlem, Kaiser - Wilhelm-Institut für Biologie.
Hartogs, J. C., Dr., i. Fa. N. V. Nederlandsche Kunstzydefabriek, Arnhem/Holland.
Harttung, Dr., Eisleben, Kasseler Str. 10.
Hartung, Curt, Dr. med. et phil., Dresden, Liebigstr. 8, I.
Harzer, F. A., Dr., Dresden-A., Eisenstückstr. 52.
Haselhoff, E., Prof. Dr., Vorst. d. landw. Versuchsstation, Harleshausen b. Kassel.
Haß, Julius, Doz. Dr., Wien IX, Spitalgasse 1a.
Hasse, Helmut, Dr., Kiel, Esmarchstr. 16, I.
Haubeil, Jean, Dipl.-Dent., Frankenthal/Pfalz, Westl. Ringstr. 12.
Hauff, Bruno, i. Fa. Verlagsbuchhandlg. Thieme, Leipzig, Antonstr. 15.
Hauff, Fr., Dr., i. Fa. J. Hauff & Co. G. m. b. H., Feuerbach b. Stuttgart.
Hauffe, Otto, Dr., Jülich/Rhld.
Haun, Dr. phil., Bad Nauheim, Lutherstr. 6.
Haupt, H., Prof. Dr., Bautzen, Mättigstr. 35.
Haupt, Dr. med., Tharandt/S.
Hauptmann, Julius, Ober-Apotheker, Leipzig - Gohlis, Marbachstr. 2.
Hauptmeyer, Friedr., Dr. h. c., Essen, Huyssensallee 68.
Haurowitz, Felix, M. U. Dr., 1. Ass. a. med. chem. Inst. d. Dt. Univ., Prag II, Lützowora 39.
Hauschild, Hans, Dr., Dittersbach, Post Neuhausen, Bez. Dresden.
Hauser, Prof., Karlsruhe/B., Bismarckstr. 33a.
Hauser, Fritz, Prof. Dr., Rathenow, Fabrikenstr. 1.
Hauser, Herbert, Dr., Zahnarzt, Freiburg i. B., Goethestr. 58.

Hausmann, Georg, Mitteilh. d. Fa. R. Winkel, Göttingen, Gröner-Chaussee.
Hausmann, M., Dipl.-Ing., Wilmersdorf, Xantener Str. 3.
Haußner, Dir., i. Fa. vorm. Louis Walter's Nachf., Markranstaedt b. Leipzig.
Haustein, Johann Paul, Prof. Dr., Wien XVIII/1, Gentzgasse 122.
Hauthal, Rudolf, Prof. Dr., Hildesheim, Am Stein 1, Dir. des Römer-Museum.
Havlicek, Hans, Dr. med., Chirurg, Tetschen a. Elbe, Stadtkrankenhaus.
Hebwes, Dr., Diepholz/Hannover.
Hecht, Friedr., stud. chem., Wien XVIII, Weitloffgasse 6.
Heck, Otto, Lehrer, Selters/Oberhessen, Steinernes Haus Nr. 39.
Heddäus, Oskar, Dr. med., Leichlingen, Kr. Solingen.
Hedenstroem, von, August, Riga/Lettland, Bäckereistr. 12.
Hedin, Sven, Dr. phil., Stockholm.
Heeger, Felix, Dr. med., Dieburg/Hessen, Altstadt 18.
Heermann, Georg, Stud.-Ass. a. D., Meerane/S., Leipziger Straße 31.
Hegener, Julius, Prof. Dr. med., Hamburg 36, Klopstockstraße 26.
Heidecke, Paul, Dr., Halberstadt, Schmiedestr. 28/29.
Heidenhain, L., Geh. Med.-Rat Prof. Dr., Worms a. Rh., Renzstr. 28.
Heider, Karl, Hofrat Geh. Rat Prof. Dr., Berlin W 15, Schaperstr. 15.
Heiderich, Friedrich, Prof. Dr., Bonn, Händelstr. 9.
Heiduschka, A., Dr. phil. Dr. ing., Prof. a. d. Techn. Hochschule, Dresden, Schweizerstr. 15.
Heil, Karl, Dr., Darmstadt, Friedrichstr. 21.
Heilbronn, Alfred, Prof. Dr., Ass. a. botan. Inst., Münster/W., Steinfurter Str. 39.
Heilig, Karl, Stud.-Rat Dr., Kassel, Wilhelmshöher Allee 31.
Heilner, Ernst, Prof. Dr. med., München, Rückertstr. 7.
Heim, Ldw., Prof. Dr. med., Erlangen, Löwenichstr. 23.
Heimann, Willy, Dr. med., Lab.-Vorst. d. städt. Krankenhauses, Stettin, Petrihofstr. 22.
Heimbrodt, Fr., Stud.-Rat Prof. Dr., Leipzig-Connewitz, Südstr. 80.

Heims-Heymann, Paul, Geh. San.-Rat Prof. Dr., Berlin W 35, Lützowstr. 60.
Heimstädt, Oskar, Wien XVII, Zeillergasse 98, III 14.
Hein, Franz, Prof. Dr., Leipzig, Talstr. 7.
Hein, Otto, Halle a. S., Gr. Steinstr. 32, Viktoria-Apotheke.
Heindl, Adalbert, Reg.-Rat Dr., Wien IV, Alleegasse 2.
Heine, Hermann, Chefkonstrukteur, Wetzlar a. L.
Heinrich, Dr. med., Zalenze b. Kattowitz. Pol. Oberschles.
Heinrich, Erich, Dr., Dresden-A. 16, Dürerplatz 8.
Heinrich, Ernst, San.-Rat Dr. med., Biedenkopf a. Lahn.
Heinricher, E., Prof. Dr., Innsbruck, Schöpfstr. 12.
Heinsen, Ernst, Dr. phil., Hamburg-Winterhude, Hudtwalcker Straße 18.
Heinze, Berthold, Dr. phil., Halle a. S., Hardenbergstr. 10.
Heinze, Richard, Dr., i. Fa. A. Riebeck'sche Montanwerke A.-G., Halle a. S., Zietenstr. 29a.
Heise, Georg, Stud.-Rat, Leipzig, Braustr. 2, III r.
Heitzer, Christoph, Primararzt Dr. med., Eger/Böhmen, Marktplatz.
Helbig, Karl, Rudolf, Karlsruhe, Karlstr. 91.
Helbig, Maximilian, Prof. Dr., Freiburg i. Br., Thurnseestraße 67.
Helferich, B., Prof. Dr., a. d. Univ. Frankfurt a. M., Klettenbergstr. 7.
Helferich, Heinrich, Geh. Med.-Rat Prof. Dr., Eisenach, Hainstein 9.
Hellebrand, Dr. med., Heilanstalt Tetschen a. E./Böhmen.
Hellendall, Dr. med., Düsseldorf, Elisabethstr. 39, Privatfrauenklinik.
Heller, Gustav, Prof. Dr. phil., Leipzig, Dufourstr. 4, III.
Hellinger, Ernst, Prof. Dr. phil., Frankfurt a. M., Cronstettenstraße 9.
Hellpach, Willy, Prof. Dr. med. et phil., Karlsruhe i. B., Amalienstr. 40.
Helly, Konrad, Prosektor, Prof. Dr., St. Gallen/Schweiz, Kantonspital.
Helm, Friedrich, Dr., Gen.-Oberarzt a. D., Berlin W 9, Königin-Augusta-Str. 7, II.
Helm, Hans, Primärarzt, Dr., Bruck a. M./Österreich, Bismarckstr. 42.
Helwes, Friedrich, Med.-Rat Dr., Kreisarzt, Diepholz i. Han.

Hempelmann, Ernst, Dr., Ziebigk, Kr. Dessau.
Henke, F., Prof. Dr. med., Dir. d. Patholog. Inst., Breslau XVI, Tiergartenstr. 42.
Henkel, Heinrich Fr., Dr. med., Ass. a. Hygien. Inst. d. Univ. Groß-Gerau, Darmstädter Str. 36.
Henking, Franz, San.-Rat Dr. med., Braunschweig, Sandweg 4.
Henle, Adolf, Prof. Dr. med., Dortmund, Beurhausstr. 52.
Hennig, Gotthold Hermann, Studienrat, Schönberg bei Merane i. Sa.
Hennige, Max, i. Fa. Jacob Hennige, Magdeburg-N., Beethovenstr. 1.
Henrich, F., Prof. Dr., Erlangen, Bismarckstr. 9.
Henßler, Rudolf, Dr., Cannstatt, Seelbergstr. 12.
Hentschel, Paul, stud. math. et phys., Leipzig Sophienstr. 24.
Henze, R., Stud.-Ass., Braunschweig, Göttingstr. 19, I.
Herath, Friedrich, Dr., Bln.-Lichterfelde, Berliner Str. 129a.
Herberg, Martin, Stud.-Rat Dr., Berlin W 35, Potsdamer Straße 120.
Herbst, C., Prof. Dr., Heidelberg, Zoolog. Inst.
Herbst, Karl, San.-Rat Dr. med., Hildesheim, Almstr. 30.
Herbst, Robert, Dr. med., Berlin N 4, Invalidenstr. 103a.
Hercher, Friedr., Dr. med., Ahlen a. W., Oststr. 58.
Herfurth, Curt, Stud.-Rat Dr., Leipzig, Brandvorwerkstraße 87, I.
Hergesell, Geh. Reg.-Rat Prof. Dr., Lindenberg, Kreis Beeskow, Aeronautisches Obs.
Hering, H. E., Geh. Med.-Rat Prof. Dr., Köln-Lindenthal, Jos.-Stelzmann-Str. 26.
Hermann, Ludwig, Dr. phil., Kroisbach b. Graz/Deutschösterreich.
Hermkes, Karl, Dr., Dir. der Prov.-Heil- u. Pflegeanst. Eickelborn b. Lippstadt.
Herrlich, Heinrich, Dr., Olmütz/Tschech.-Slow.
Herrmann, Erika, Frl. Dr. med., Chirurg. Klinik, Freiburg i. Br., Albertstr. 15.
Herrmann, Karl, Prof. Dr., Charlottenburg, Goethepark 20.
Herrmann, Theodor, Stud.-Rat Dr., Eilenburg, Samuelisdamm 2.
Herstadt, Oskar, Dr. ing., Leipzig-Gohlis, Stallbaumstr. 4.

Hertwig, von, Richard, Geh. Rat Prof. Dr., München, Schackstr. 2/3.
Hertzell, Carl D., Dr., Bremen, An der Weide 33a.
Herxheimer, Gotthold, Prof. Dr. med., Wiesbaden, Freseniusstr. 17.
Herz, Dr. med., Oberbezirksarzt, Wien IV, Belvederegasse 37.
Herz, Emanuel, Dr., Rzeszow/Kleinpolen, 3 Maig. 32.
Herz, J., Dr., Wien XII, Grünberger Str. 31.
Herz, Kurt, Dr. med., Schwelm i. W.
Herz, Wilhelm, Dr. phil., Ing. Bochum 5, Erz- u. Kohlenstation, Herner Str. 72.
Herzfeld, Josef, Prof. Dr., Berlin W 35, Genthiner Str. 12.
Herzfeld, Stefanie, Dr., Wien, Botan. Inst.
Herzig, Paul, Dr. ing., Köln-Mülheim, Bieger Str. 5.
Herzog, Georg, Prof. Dr., Leipzig-Probstheida, Störmtaler Straße 9, II l.
Herzog, Henrich, Dr., Innsbruck.
Herzog, Herm., Dr., Blankenburg i. Harz.
Herzog, R. Oliver, Dr., Prof. a. Kaiser-Wilh.-Inst. für Faserstoffchemie, Berlin-Dahlem.
Heß, Fr. Otto, Prof. Dr., Bautzen i. Sa., Wallstr. 7.
Heß, Hans, Prof. Dr., Nürnberg, Tuchergartenstr. 15.
Heß, Kurt, Prof. Dr. phil., Berlin-Dahlem, Thielallee 67.
Heß, Ludwig, Dr., Abteilungs-Dir. b. d. Fa. J. D. Riedel A.-G., Berlin-Britz, Gradestr. 30.
Heß, Otto, Prof. Dr. med., Dir. d. Städt. Krankenanstalt, Direktorhaus, Bremen.
Heß, Otto, Dr., Kassel, Kaiserplatz 31, II.
Heß, W. R., Prof. Dr., Dir. d. Physiol. Inst., Zürich, Susenbergstr. 198.
Heßberg, Richard, Dr., Essen, Bahnhofstr. 24.
Hesse, Emil, Dr. med., Düsseldorf, Tonhallenstr. 5.
Hessenland, Max, Dr., Höchst a. M., Thalstr. 4.
Hethey, Paul, Prof. Dr. med., Bln.-Wilmersdorf, Kaiserallee 23.
Hett, Johannes, Dr. med., Halle a. S., Karlstr. 35, b. Prof. Stieda.
Heubacher, Karl, Prof., Ossich/Kärnten.
Heubes, sen., Dr. med., Düsseldorf, Duisburger Str. 39.
Heubner, Otto, Geh. Med.-Rat Prof. Dr., Loschwitz b. Dresden, Viktoriastr. 36.

Heubner, Wolfg., Prof. Dr. med., Göttingen, Hanßenstraße 26, ptr.
Heumann, Dr., Schötmar/Lippe.
Heuse, Wilh., Dr., Bln.-Dahlem, Im schwarzen Grund 14.
Heuser, Emil, Prof., Seehof b. Berlin, Post Teltow.
Heuß, Dr., Oberstabsvet. a. D., Paderborn, Neuhäußerstraße 42.
Heyer, Max, Prof. Dr., Bonn, Lennéstr. 22.
Heymann, Arnold, Dr. med., Düsseldorf, Duisburger Straße 116.
Heymann, Bernhard, Dir., Dr. phil. Dr. med. h. c., Leverkusen.
Heymann, Walther, Stud.-Rat, Dr., Leipzig, Arndtstr. 35, I.
Heyse, Gustav, Dr. med., Bernburg i. A., Landesheilanst.
Hieronymi, E., Prof. Dr., Königsberg i. Pr., Hagenstr. 9.
Hildebrand, Walter, Dr. ing., eh. Fabrikant i. Fa. Max Hildebrand, Freiberg i. Sa., Hainichener Str. 2a.
Hildebrandt, Oberstud.-Rat, Dr., Leipzig-Reudnitz, Augustenstr. 20.
Hildebrandt, F., Priv.-Doz., Dr., Heidelberg, Handschuhheimer Landstr. 21.
Hillebrand, Med.-Rat Dr., Bergheim b. Erfurt.
Hiller, Wilhelm, Dr., Apothekenbes., Leipzig-Gohlis, Springerstr. 16.
Hillers, Wilhelm, Prof. Dr., Hamburg 26, Salingasse 3, III. Hessische Straße 3/4.
Hilpert, Fritz, Dr. med., Ludwigshafen, Städt. Krankenhaus.
Himmelbaur, Wolfg., Priv.-Doz., Dr., staatl. landwirtsch. chem. Versuchsstation, Wien II, Schüttelstr. 71.
Himstedt, Franz, Geh. Rat Prof. Dr., Freiburg i. Br., Goethestr. 8.
Hinselmann, Hans, Prof. Dr., Bonn a. Rh., Univ.-Frauenklinik.
Hinterstoisser, Herm., Obersan.-Rat Dr., Dir. d. Schles. Krankenhauses Teschen/Tschech.-Slow.
Hintz, E., Prof. Dr., Wiesbaden, Nerobergstr. 24.
Hintze, Arthur, Dr., Berlin N, Ziegelstr. 5-9.
Hinzelmann, Willy, Dr. med., Chemnitz-Borna, Post Wittgensdorf.

Hippel, von, Eugen, Geh. Med.-Rat Prof. Dr., Dir. d. Univ.-Augenklinik, Göttingen, Eichenweg 45.
Hirsch, Alfred, Dr. med., Neuruppin, Ferdinandstr. 35.
Hirsch, Arthur, Prof. Dr., Zürich VII, Reinacher Str. 8.
Hirsch, Caesar, Dr., Stuttgart, Tübinger Str. 11.
Hirsch, Carl, Geh. Med.-Rat Prof. Dr., Göttingen, Herzberger Landstr. 54.
Hirsch, E., San.-Rat Dr., Bad Nauheim, Zeppelinstr. 5.
Hirsch, Josef, Prof. Dr., Mannheim, Seckenheimer Str. 8.
Hirsch, Julius, Dr. med., Bln.-Grunewald, Wangenheimstraße 40.
Hirsch, Max, Dr., Berlin W 30, Motzstr. 34.
Hirsch-Kaufmann, Herbert, Dr., Frankfurt a. M., Weigertstraße 3.
Hirschberg, Else, Frl., Rostock i. M., Schillerstr. 29, I.
Hirschberg, Heinrich, Berlin W 10, Matthäikirchstr. 29, ptr.
Hirschfeld, Bernhard, Dr. med., Düsseldorf, Heinestr. 3.
Hirschfeld, Magnus, San.-Rat Dr., Berlin NW 40, In den Zelten 10.
Hirzel, Heinrich, Verlagsbuchhändler, Leipzig, Königstr. 2.
His, Wilh., Geh. Med.-Rat Prof. Dr., Bln.-Grunewald, Caspar-Theyß-Str. 7.
Hobstetter, Karl, Geh. Reg.-Rat Prof. Dr., Jena, Dornburger Str. 29.
Hocheder, F., D., Halle a. S., Gr. Märkerstr. 6/7.
Hochheim, Ernst, Dr. phil., Heidelberg, Untere Neckarstraße 20.
Hochheim, Franz, Prof. Dr., Weißenfels a. S., Merseburger Str. 32.
Hochmann, August, Dr. med., Marienburg i. Wstpr.
Hochschwender, Ernst, Dr. phil., Physiker, Ludwigshafen a. Rh., B. A. S. J.
Hoddes, Dr. chir. dent., Gießen, Bahnhofstr. 73.
Höber, Rudolf, Prof. Dr., Kiel, Physiol. Institut.
Höchst, Ferdinand, Dr. med., Düsseldorf, Rochusstr. 24.
Hoefflin, C., Dr., Kaunas-Sancisi/Litauen.
Hölting, Dr., Steinheim i. W.
Hörlein, Heinrich, Dir., Dr. phil., Elberfeld-Vohwinkel, Moltkestr. 62.
Hoeßlin, von, Heinrich, Prof. Dr med., Berlin NW 23, Klopstockstr. 59.

Hoevener, Dr. med., Werne i. W., Kr. Lüdinghausen.
Hofe, von, Chr., Dr. phil., Wien VII, Mariahilferstr. 126.
Hofer, Ferd., Dr. med., Innsbruck, Universitätsstr. 3, III, Ass. a. gerichtl. med. Institut.
Hoffmann, A., Dr. med., Düsseldorf, Tonhallenstr. 13.
Hoffmann, Adolf, Prof. Dr., Guben, Schemelsweg 13.
Hoffmann, Alfred, Verlagsbuchhändler, Leipzig-Plagwitz, Carl-Heine-Str. 10.
Hoffmann, August, Geh. Med.-Rat Prof. Dr. med., Düsseldorf, Hohenzollernstr. 26.
Hoffmann, Bernh., Prof. Dr., Oberstud.-Rat a. D., Dresden, Uhlandstr. 16.
Hoffmann, Erich, Prof. Dr. med., Bonn, Meckenheimer Allee 18.
Hoffmann, Gerhard, Prof. Dr., Königsberg i. Pr., Goltz-Allee 18.
Hoffmann, Hans, Studienrat, Dr., Frankfurt a. M.-Süd, Germersheimer Str. 6.
Hoffmann, Karl, Dr. med., Wurzen, Torgauer Platz 5.
Hoffmann, Otto, Dr., Hirschberg i. Schl., Kaiser-Friedrich-Straße 12.
Hoffmann, Paul, Studienrat, Leipzig-Schleußig, Stieglitzstraße 2cf.
Hoffmann, Reinhard, Dr. med., Braunschweig, Hennebergstraße 19.
Hoffner, Karl, Dr. med., Glotterbad i. B., b. Deuzlingen.
Hofmann, Edm., Priv.-Doz., Dr. med. et. phil., Frankfurt a. M., Oberarzt d. Dermatolog. Univ.-Klinik, Eschenbacher Str. 14.
Hofmann, Franz, Geheimrat Prof. Dr. med., Berlin N 4, Hessischestr. 3/4.
Hofmann, Fritz, Prof. Dr., Breslau, Novastr. 15.
Hofmeier, Max, Geh. Hofrat, Prof. Dr. med., München, Franz-Joseph-Str. 20.
Hofmeister, von, Franz, Prof. Dr. med., Stuttgart, Urbanstraße 32.
Hofschlaeger, Reinhard, Dr. med., Krefeld, Ostwall 39.
Hohenrein, Wilh., stud. med., Würzburg, Sanderring 20.
Hohlbaum, Josef, Priv.-Doz., Dr., Leipzig, Chirurg. Klinik.
Hohlweg, Hermann, Prof. Dr., Duisburg, Friedrich-Wilhelm-Str. 50.

Hohmann, Adolf, Oberstud.-Dir., Leipzig, Kronprinzstr. 45.
Hohmann, Georg, Dr. med., München, Georgenstr. 15, III.
Holch, Ludwig, Dr., Bonn, Rheinbachstr. 7.
Holdheim, Wilh., San.-Rat Dr., Berlin W 35, Potsdamer Straße 55.
Hellmer, Otto, Dr. med., Stolp i. P., Wilhelmstr. 31.
Holst, G., Eindhoven/Holland, Parklaan 6.
Holst, von, Walter, Dr. med., Danzig, Hansaplatz 1.
Holste, Arnold, Prof. Dr., Dir. d. Pharmakolog. Inst. d. Univ. Belgrad, Belgrad, Obilitjev Venaz 10.
Holtzinger-Tenever, H., Tenever b. Hemelingen b. Bremen.
Holuta, Josef, Dr., Brünn.
Holz, Albr., Med.-Rat Dr., Leipzig, Hallische Str. 44, I.
Holz, Hugo, Dr. med., Stuttgart, Feuerseeplatz 9.
Holzapfel, Karl, Prof. Dr. med., Kiel, Forstweg 24.
Holzbach, Ernst, Prof. Dr. med., Mannheim N. 7. 11.
Holzhausen, Reinhold, Dr., Großammensleben, Kr. Wolmirstedt, Bez. Magdeburg.
Holzingen, San.-Rat Dr., Bayreuth, Richard-Wagner-Straße 41.
Holzknecht, Guido, Prof. Dr. med., Wien I, Liebiggasse 4.
Holzt, A., Hofrat, Prof., Dir. d. Technikums, Mittweida i. Sa.
Homburger, Julius, Dr. med., Frankfurt a. M., Uhlandstraße 50.
Honcamp, Franz, Prof. Dr., Vorst. d. landw. Versuchsstation Rostock i. M.
Honneth, Arthur, Dr. med., Essen-Borbeck, Borbecker Straße 198.
Hopf, Fr. Eugen, Generaloberarzt, Stadtrat, San.-Rat Dr. med., Dresden-A. 24, Reichsstr. 4, II.
Hopmann, Rud., Dr., Köln a. Rh., Bürgerhospital, Med. Poliklinik.
Hoppe, Edm., Prof. Dr., Göttingen, Schildweg 12.
Hopstein, Josef, San.-Rat Dr. med., Köln-Bayenthal, Koblenzer Str. 80.
Horn, Adolf, Stadtmed.-Rat Dr. med., Zwickau i. V., Annenstr. 3.
Horn, Walter, Studienrat, Ohligs, Post Weyer i. Rh.
Horowitz, Karl, Dr., Wien IX, Boltzmanngasse 5.

Horrmann, P., Prof. Dr., Braunschweig, pharmaz. Inst. d. techn. Hochschule.
Horsters, Hans, Dr. med. et. phil., Nowawes b. Potsdam, Goethestr. 34.
Horst, W., Prof. Dr., Bln.-Charlottenburg, Tegeler Weg 108.
Hosemann, Gerhard, Prof. Dr., Oberarzt a. ev. Diakonissenhaus, Freiburg i. B., Chirurg. Abt., Burgunder Straße 8.
Houben, J., Prof. Dr., Bln.-Zehlendorf-Mitte, Hauptstr. 29.
Houdelet, Alexander, Edelstein- u. Sachverständiger-Juwelier, Berlin N 4, Invalidenstr. 33.
Huber, Seb., Med.-Rat Dr., Meran/Italien.
Hübner, Arthur, Prof. Dr. med., Bonn, Kölnstr. 161.
Huebner, H., Kreismed.-Rat Dr., Waldenburg i. Schl., Auenstr. 24c.
Hübschmann, Paul, Studienrat, Jena, Kaiserin-Augusta-Straße 15.
Huebschmann, Paul Joh., Prof. Dr. med., Düsseldorf, Pathol. Inst., Moorenstr. 5.
Hueck, Werner, Prof. Dr. med., Dir. d. patholog. Inst., Leipzig, Robert-Schumann-Str. 120.
Hühne, Thilo, Dr., Probstdeuben b. Leipzig, Mittelstr. 64.
Hueppe, Ferdinand, Hofrat, Prof. Dr. med. Dr. jur. h. c., Dresden-Loschwitz, Pillnitzer Str. 15.
Hürthle, Karl, Prof. Dr., Breslau, Maxstr. 8.
Hürthle, Rudolf, Dr. med., Breslau, Maxstr. 8.
Hüttenes, Carl, Dr., Düsseldorf, Engertstr. 17.
Hüttig, August, Prof. Dr., Jena, Weinbergstr. 15.
Hummel, H., Minister Exz., Prof. Dr., Karlsruhe, Jahnstraße 12.
Hummel, Karl, Prof. Dr., Gießen, Bahnhofstr. 65B.
Hunaeus, Georg, Dr. med., Hannover, Jakobistr. 7.
Hund, Friedr., Dr., Göttingen, Friedländerweg 14.
Hundhausen, J., Dr. med., Hohen-Unkel a. Rh.
Huth, Erich F., Dr., G. m. b. H., Berlin SW 48, Wilhelmstraße 130-132.
Huth, Erich F., Dr., Ges. für Funkentelegraphie, siehe Dir. Bruno Rosenbaum bzw. Dir. Dr. Rottgardt.
Huth, Willi, Dr. phil., Bln.-Zehlendorf, Düppelstr. 19, ptr.

Ibrahim, J., Prof. Dr. med., Vorstand der Kinderklinik Jena, Kasernenstr. 10.
Ickert, Kreismed.-Rat Dr., Mansfeld a. H.
Ilberg, Konrad, Dr., Bln.-Dahlem, Goebenstr. 55.
Ilse, Dora, Frl., cand. rer. nat., Göttingen, Nikolausberger Weg 47.
Immelmann, Kurt, Dr., Berlin W 35, Lützowstr. 72.
Immendörfer, E., Dr. phil., Dresden-A. 24, Leubnitzer Straße 2.
Immendorff, H., Hofrat, Univ.-Prof. Dr. phil., Jena, Am Steiger 9.
Immisch, K. B., Oberveterinär, Dr. med. vet. Polizeitierarzt d. Stadt Bochum, Bochum i. W., Roonstr. 13.
Impens, Emil, Dr. med. et. phil., Vohwinkel, Kirchstr. 8.
Ipsen, Carl, Hofrat, Prof. Dr. med., Innsbruck, Falkstr. 11.
Israel, Karl, Dr., Meiningen, Bernhardstr. 4.
Ittmann, Theodor, Dr. med., Mainz, Gr. Emmeranstraße 32⁵/₁₀.

Jacki, Elisabeth, Frl., Dr. med., Städt. Ärztin f. Säuglingsfürsorge, Ludwigshafen a. Rh., Bismarckstr. 44.
Jackmann, Dr., Sangerhausen i. Sa.
Jackschath, Emil, Dr., Stößen b. Naumburg a. S.
Jacob, Georg, San.-Rat Dr., Friedeberg a. Queis.
Jacob, Paul, San.-Rat Dr., Bln.-Charlottenburg, Schloßstraße 45.
Jacobi, Carl, Geh. Med.-Rat Prof. Dr. med., Tübingen, Eugenstr. 5.
Jacobs, Maria, Frl., Dr., Aachen, Kaiserallee 25.
Jacobsohn, Max, Dr. med., Berlin, Mauerstr. 68.
Jacobson, Moses, Prof. d. Physik u. Mathematik, Neuyork, Franklin-Ave 1373.
Jacoby, Fritz, Dr. med., Magdeburg, Große Münzstr. 1, I.
Jacoby, Richard, Dr., i. Fa. „Osram" G. m. b. H., Berlin NW 87, Säckingenstr. 71.
Jadassohn, J., Geheimer Med.-Rat Prof. Dr., Breslau, Universität.
Jaeger, Gust., Prof., Dr., Wien, Universität.
Jaeger, Heinrich, Generaloberarzt Prof. Dr., Koblenz, Trierer Str. 115.

Jaeger, Helmuth, Dr., Leipzig, Schlegelstr. 2.
Jäger, Robert, Dr., Bln.-Friedenau, Lauterstr. 38.
Jänecke, Ernst, Prof. Dr., Heidelberg, Schillerstr. 5.
Jaensch, A. Paul, Dr. med., Breslau 16, Maxstr. 2.
Jaensch, W., Dr. med., Marburg a. L., Weißenburgstr. 11.
Jaffé, Rudolf, Priv.-Doz., Dr., Frankfurt a. M.-Süd, Vogelweidstr. 31.
Jahn, Dr. med., Schmalkalden i. Th.
Jahrreiß, Walther, Dr. med., München, St. Paulplatz 1, II.
Janchen, Erwin, Prof. Dr., Wien III/1, Ungargasse 71.
Jancke, C. E., Dr., Hannover, Im Moor 24, II.
Janeck, R., Stud.-Rat, Dr., Insterburg, Belowstr. 14.
Jansch, Hermann, Prof. Dr., Wien III, Linke Bahngasse 11, Tierärzt. Inst.
Jansen, Albert, Priv.-Doz., Dr. med., Berlin W 10, Viktoriastr. 6.
Janssen, Sigurd, Dr., Freiburg i. Br., Erbprinzenstr. 3.
Janssen, Vincent, Dr. med., Bad Kissingen, Ringstr. 4.
Janus, Friedrich, Dir. der Janus-Werk A.-G., München, Laplacestr. 1.
Japha, Arnold, Prof. Dr., Halle a. S., Dryanderstr. 13.
Jarisch, A., Dr., Graz, Pharmakolog. Inst.
Jaschke, von, Rud. Th., Prof. Dr. med., Gießen, Univ.-Frauenklinik, Klinikstr. 28.
Jedlicka, Gertrud, Prof. Dr., Brünn, Talgasse 10.
Jensen, Chr., Prof. Dr., Hamburger Techn. Staatslehranstalten, Hamburg.
Jentzsch, Felix, Prof. Dr. phil., Gießen, Frankfurter Straße 34, Physik. Institut.
Jeß, A., Prof. Dr., Dir. der Augenklinik, Gießen.
Jessel, Arthur, Dr., Berlin N, Elsasser Str. 53.
Jesser, Helene, Fr., Fachlehrerin i. P., Innsbruck, Goethestraße 4.
Jirzik, Dr., Ziegenhals, Sanator. Waldfrieden.
Joachim, Max, Dr., Görlitz, Mühlweg 1.
Joachimoglu, Prof. Dr., Berlin NW 7, Dorotheenstr. 28.
Jochner, Guido, Geh. San.-Rat Dr. med., München, Schönfeldstr. 16.
Jodlbauer, Albert, Prof. Dr., München, Plingauserstr. 59.
Jörrens, Alfr., Dr. med., Lindlar, Kr. Wipperfürth.
John, Max, Dr., Mülheim a. d. Ruhr, Eppinghofer Str. 28.

Johnsen, Arrien, Prof. Dr., Berlin N 4, Invalidenstr. 43.
Jolles, Adolf, Prof. Dr., Wien IX/1, Türkenstr. 9.
Jolles, Stanislaus, Geh. Reg.-Rat Prof. Dr., Bln.-Halensee, Kurfürstendamm 130, III.
Jona, Dr., Dresden-A., Zwickauer Str. 42.
Jonas, Adolf, Dr., Mülheim a. d. Ruhr, Bahnstr. 50.
Jonas, R. G., Priv.-Doz., Dr., Breslau XVI, Heidenhainstraße 13.
Jongmann, Wilhelm, Dr., Heerlen/Holland, Akerstraat, Geolog. Bureau.
Joppich, Jos., Dr. med., Neusalz a. O.
Jores, Leonhard, Geh. Med.-Rat Prof. Dr. med., Kiel, Düppelstr. 25.
Jorns, Dr. med., Nordhausen.
Joseph, Alfred, Dr. med., Düsseldorf, Rath.
Joseph, Jacq., San.-Rat Prof. Dr. med., Chirurg., Berlin W 15, Kurfürstendamm 63, II
Jünger, Ernst, Dr. phil., Apothekenbes., Leisnig i. Sa., Markt 20.
Jüngling, Otto, Priv.-Doz., Dr., Tübingen, Kaiserstr. 6.
Jürgens, Ant., San.-Rat Dr., Düsseldorf, Charlottenstr. 54.
Juhl, Valentin, San.-Rat Dr., Eckernförde.
Julius, P., Dir., Dr. phil., Ludwigshafen a. Rh., Friesenheimer Str. 40.
Juliusberg, Fritz, Prof. Dr. med., Braunschweig, Damm 7-8.
Jungmann, Paul, Prof. Dr., Berlin W 9, Linkstr. 14.
Junk, Wilh., Dr., Berlin W 15, Sächsische Str. 68.
Junkers, Hugo, Prof. Dr. ing. e. h., Dessau, Kaiserplatz 21.
Junkers, Wilhelm, San.-Rat Dr., Erfurt, Regierungsstr.
Junkersdorf, P., Prof. Dr., Bonn a. Rh., Mozartstr. 34.
Jurich, Bruno, Dr. phil., Werdau i. Sa., Schützenstr. 18.
Just, Albert, Dr. med., Hamburg 4, Bernhardstr. 1.

Kadner, Alb., Dr. med., Hamburg 13, Grindelallee 126.
Käckell, Rudolf, Dr. med., Heidelberg, Treitschkestr. 5, p. Adresse Herm. Heinrich Fuchs.
Kaendler, Oskar, Reg.-Med.-Rat Dr., Leipzig, Promenadenstr. 17.
Kändler, Rud., Dr., Ass. d. staatl. biolog. Anstalt Helgoland, Helgoland.

Kafka, Viktor, Dr. med., Karlsbad/Böhmen, Haus Schwarzer Löwe.
Kahler, Otto, Prof. Dr. med., Freiburg i. Br., Karlstr. 75.
Kahn, Eugen, Priv.-Doz., Dr., München, Nußbaumstr. 7.
Kahns, H., Dr., Stud.-Rat, Barmen, Goebenstr. 5.
Kaiser, Dr., Kreistierarzt, Warburg i. W.
Kaiser, Erich, Univ.-Prof. Dr., München, Franz-Joseph-Straße 26, III.
Kaiser, Hans, Dipl.-Ing., Apoth., Karlsruhe i. B., Wilhelmstraße 18.
Kaiser, Siegmund, Dr. med., Leipzig, Markt 9, III.
Kajüter, F., San.-Rat Dr., Münster i. W., Schützenstr. 3.
Kalähne, Alfred, Prof. Dr. phil., Oliva b. Danzig, Jahnstraße 8.
Kalb, G., Dir., Dr. phil., Hildesheim, Orleansstr. 20, II.
Kalb, L., Prof. Dr., München, Franz-Joseph-Str. 19.
Kalberloh, Fritz, Dr. med., Hohe Mark b. Oberursel i. Taunus.
Kaldenbach, Gustav, Dr. med., Düsseldorf, Hohenzollernstraße 30.
Kalla, Jul., Dr. med., Gleiwitz, Uhlandstr. 1.
Kalle, W. F., Dr., Biebrich a. Rh.
Kallius, Erich, Geh. Med.-Rat Prof. Dr., Anatom. Inst., Heidelberg, Hauptstr. 235.
Kallmann, Curt, Dr., Berlin SO 16, Brückenstr. 9.
Kallmann, Hartmut, Dr. phys., Charlottenburg 9, Ahornallee 33.
Kalmus, Ernst, Polizei-Ober-San.-Rat Dr. med., Prag II, Podskalerstr. 335.
Kamann, Kurt, Dr. med., Magdeburg, Breiteweg 257, Ecke Moltkestr.
Kampe, Robert, Doz., Dr. ing., Karlsbad, Schloßberg 8.
Kann, Erich, Dresden-A., Wielandstr. 2.
Kanzow, Paul, Dr., Mülhausen i. Th., Kiliansgraben 3.
Kapfhamm, Joseph, Dr. phil. et med., Ass. a. physiol. chem. Inst. d. Univ., Leipzig, Liebigstr. 16.
Kappis, Max, Prof. Dr. med., Hannover, Haltenhoffstr. 67.
Kappus, Adolf, Med. Praktikant, München, Hygien. Inst.
Karakascheff, von, K. J., Dr. med., Sofia, Uliza Zar Schischmann 21.
Karp, Werner, Dr., Sulzbach i. d. Oberpf.

Kast, H., Ober-Reg.-Rat, Prof. Dr., Bln.-Grunewald, Margaretenstr. 5.
Kasten, Richard, Med.-Rat Dr., Charlottenburg, Kaiserdamm 103.
Katsch, Prof. Dr., Frankfurt a. M., Med. Univ.-Klinik.
Katz, Otto, Dr., Charlottenburg, Kaiserdamm 4.
Katzke, Georg, Tierarzt, Insterburg.
Kauffmann, August-Wilhelm, Dr., Rittergut Luga-Quoos, Amtshauptmannschaft Bautzen i. Sa.
Kauffmann, Eugen, Dr. med., Cannstadt, Karlstr. 44.
Kauffmann, Hans, San.-Rat Dr. med., Berlin W 62, Kurfürstenstr. 76-77.
Kauffmann, Paul, Dr. phil., Fabrikbes., Niedersedlitz b. Dresden.
Kaufmann, Alfred, Dr. med., Cochem a. d. M., Ravennestr.
Kaufmann, Eduard, Geh. Med.-Rat Prof. Dr. med., Dir. d. pathol. anat. Inst., Göttingen, Hanßenstr. 8.
Kaufmann, H. P., Prof. Dr., Jena, Universität.
Kaufmann, Jacob, Prof. Dr., Neuyork City, 52 East 58 th Street.
Kaufmann, K., Dr. med., leit. Arzt, Todtmoß i. B., Kr. Waldshut, Sanator. Wehrawald.
Kausch, Walther, Prof. Dr., Dir. a. Schöneberger Krankenhaus, Bln.-Schöneberg, Freiherr-v.-Stein-Str. 2.
Kautz, Friedrich, Dr. med., Hamburg 6, Schäferkampallee 36.
Kayser, Heinr., Geh. Reg.-Rat, Prof. Dr., Bonn, Humboldtstraße 2.
Kayser, Richard, Dr. med., Hamburg, Kolonnaden 45, I.
Keeser, Eduard, Dr. med., Berlin NW 7, Dorotheenstr. 28.
Kehrer, Prof. Dr., Breslau 16, Novastr. 8.
Kehrer, Erwin, Prof. Dr. med., Dir. d. Staatl. Frauenklinik, Dresden, Pfotenhauerstr. 90.
Kehrhahn, Dr., Bremen, Holler-Allee 53.
Kehrmann, Friedrich, Prof. Dr. phil., Lausanne, Villa Electa Chabliére.
Keibel, Franz, Prof. Dr. med., Berlin NW 6, Philippstr. 12.
Keil, Fritz, Dr., Berlin NW 6, Philippstr. 13.
Keller, Carl, Prof. Dr., Berlin W 15, Kurfürstendamm 50.
Keller, H., Dr., Chemnitz.

Keller, Robert, San.-Rat Dr. med. et. phil., Koblenz, Mainzer Str. 26.
Keller, Rudolf, Prag II, Herrengasse 12.
Kellermann, Karl, Dr., Klausthal i. H., Chem. Inst. d. Bergakademie.
Kellersmann, Alfred, San.-Rat Dr. med., Osnabrück, Schepelerstr. 1a.
Kelling, Georg, Prof. Dr. med., Dresden-A., Christianstraße 30.
Kellner, Oberarzt Dr., Düren i. Rhld., Meckerstr. 13, Heil- u. Pflegeanstalt.
Kempf, H., Dr. med. et phil., Leipzig-Lindenau, Könneritzstraße 17.
Kentenich, Gottfried, Dr. med., M.-Gladbach, Blumenbergerstr. 60a.
Kerb, Joh., Dr. phil. et. med., Freiburg i. Br., Karthäuserstraße 21.
Kerber, Dr. med., Gelenau i. Erzgeb.
Kerckhoff, Clemens, Dr., Apotheker, Köln a. Rh., Deutscher Ring 34.
Kern, Herm., San.-Rat Dr., Leipzig-Möckern, Hallische Straße 198.
Kerßenboom, Theodor, Dr. med., Brühl, Bez. Köln, Schloßstraße 19.
Keßler, A., Dr., Hamburg-Kl. Borstel, Kornweg 148.
Keßler, Paul, San.-Rat Dr., Gotha, Querstr. 4.
Kestel, Bruno, Studienprof., München, Klengestr. 44.
Kestner, Prof., Hamburg 20, Loozestieg 13.
Kettner, Hermann, Dr., Oberstabsveterinär, Paderborn, Neuhäuserstr. 22.
Ketz, San.-Rat Dr., Bremerhaven, Grünestr. 76.
Keunecke, W., Dr., Braunschweig, Bertramstr. 44.
Kiebitz, Franz, Prof. Dr. phil., Bln.-Steglitz, Sedanstr. 2.
Kiefer, Karl, Dr., Nürnberg, Maximilianplatz 28.
Kieferle, Franz, Dr., Weihenstephan b. Freising i. Bay., Landes-Hochschule, Haydstr. 5/0.
Kielhauser, Hubert, Dr., Graz, Herrengasse 18.
Kielstein, Dr., Pretzsch a. E.
Kienböck, Robert, Dr. med., Wien VIII, Schmidgasse 14.
Kienle, Prof. Dr., Göttingen, Sternwarte.

Kieschke, S., Dr. med. vet., Altdöbern N.-L., Seminarstraße 156.
Kiesewetter, Willy, Dr., Physiker, Dresden-A. 19, Lüttichaustr. 3.
Kiliani, Heinrich, Geh. Hofrat, Prof. Dr. phil., Freiburg i. Br., Stadtstr. 31.
Killermann, Seb., Prof. Dr., Regensburg, Hochschule.
Kionka, Heinrich, Prof. Dr. med., Dir. des Pharmakol. Inst. Jena, Beethovenstr. 32.
Kirch, Eugen, Priv.-Doz., Dr., Würzburg, Adelgundenstr. 8.
Kircher, A., Dr., Chemiker, Höchst - a. M. - Saidlingen, Gustavallee 16.
Kirchhof, Ferd., Dr. chem., Wien-Passing/Österr.
Kirchner, Wilhelm, Studienass., Neustrelitz, Friedrich-Wilhelm-Str. 4.
Kirsch, Gerhard, Priv.-Doz., Dr., Wien IV, Joh.-Strauß-Gasse, Ass. am II. physikal. Inst. der Univ.
Kirschmann, August, Prof. Dr., Leipzig, Universität.
Kirschner, Prof. Dr., Königsberg, Chirurg. Klinik u. Univ.
Kisch, Bruno, Prof. Dr. med., Köln-Lindenthal, Lindenburg.
Kißkalt, Karl, Prof. Dr. med., Bonn, Theaterstr. 1.
Kitterle, August, Ing., Wien XIII, Penzinger Str. 16.
Klages, Aug., Prof. Dr., Magdeburg-Südost, Alt-Salbke 49.
Klaiber, Hermann, Baurat, Stuttgart, Kanzleistr. 19.
Klebelsberg, von, Richard, Prof. Dr., Innsbruck, Franz-Joseph-Str. 5.
Kleemann, Margarethe, Frau Dr., Gundelsheim i. Württ., Sanator. Schloß Hornegg.
Kleijn de, A., Dr. med., Utrecht, Biltstraat 129.
Klein, Dr., Radebeul b. Dresden, Weintraubenstr. 3.
Klein, Edm. J., Prof. Dr., Luxemburg, Villa Flora.
Klein, Felix, Geh. Reg.-Rat, Prof. Dr., Göttingen, Wilhelm-Weber-Straße 3.
Klein, Gustav, Dr., Prof. a. pflanzenphysiolog. Inst. d. Univ., Wien I.
Klein, Heinr. Viktor, Med. Univ.-Dr., Wien VI/2, Mariahilfer Str. 117.
Klein, Ludwig, Geh. Hofrat, Prof. Dr., Karlsruhe, Kaiserstraße 2.
Klein-Selig, Johanna, Dr. med., Düsseldorf, Oststr. 102.

Kleinfeller, Hans, Dr., Kiel, Niemannsweg 101.
Kleinschmidt, Prof. Dr., Leipzig, Straße des 18. Oktober 17.
Kleist, Prof. Dr., Frankfurt a. M., Feldstr. 78.
Klemens, Alfons, Prof. Dr., Wien IX, Zähringer Str. 10.
Klemperer, Georg, Geh. Med.-Rat Prof. Dr., Berlin W 62, Kleiststr. 2.
Klengel, Dr., Stadtarzt, Leipzig-Connewitz, Eichendorffstraße 35.
Klengel, Fr., Oberstudienrat Prof. Dr., Plauen i. V., Blücherstr. 31.
Klewe, Hans, Dr., Bln.-Niederschönhausen, Kaiserweg 63.
Klien, Dr., Leipzig-Reudnitz, Stiftstr. 7.
Klien, Heinrich, Prof. Dr. med., Leipzig, Gottschedstr. 16.
Klieneberger, Carl, Prof. Dr., Dirig. Arzt d. Stadtkrankenhs. Zittau i. Sa., Bismarckallee 6.
Klinck, W., Hilfsschullehrer, Dessau, Mozartstr. 8.
Klingelhöffer, W., Dr., Offenburg i. Baden, Hauptstr. 34a.
Klingmüller, Victor, Prof. Dr. med., Kiel, Niemannsweg 98.
Klinkhardt, Werner, Dr., Verlagsbuchhändler, Leipzig, Liebigstr. 2.
Klitzsch, Adolf, Dr. med., Hof a. S., Bismarckstr. 40.
Klöthe, Paul, Stud.-Rat, Zittau, Weberstr. 30, II.
Klopfer, Volkmar, Dr., Dresden-Leubnitz.
Klopfleisch, Johs., San.-Rat Dr. med., Dresden-A., Gerokstr. 63.
Klose, A., Priv.-Doz., Dr. phil., Bln.-Dahlem, Hohe Aehren 9.
Klostermann, Ludwig, San.-Rat Dr. med., Gelsenkirchen 6, Hohenstaufenstr. 5.
Klütsch, Dr., Oberhausen i. Rhld., Elsestr. 71.
Kluge, O., San.-Rat Dr., Dir. d. brand. Prov.-Anstalten Potsdam, Saarmunder Chaussee.
Klute, Fritz, Prof. Dr., Gießen, Brandplatz 4.
Knaffl-Lenz, Erich, Prof. Dr., Wien 9, Währinger Str. 13a.
Knapmann, Alfred, Dr., Milspe i. W.
Knauer, Dr., Dir. d. Bakt. Inst. d. Landwirtschaftskammer f. d. Prov. Ostpreußen, Königsberg, Beethovenstr. 24-26.
Knauer, Emil, Prof. Dr. med., Graz, Körblergasse 16.
Knickmeyer, Carl, Dr. phil., Beutzen-Oldendorf, Post Hermannsburg b. Celle.
Knieriem, Fritz, Dr., Bad Nauheim, Kaiserin-Elisabeth-Platz 1.

Knipping, Paul, Dr., Darmstadt, Wilhelmstr. 6.
Knoepfelmacher, Wilh., Primärarzt, Prof. Dr., Wien IX., Günthergasse 3.
Knoop, Franz, Prof. Dr., Freiburg i. Br., Santierstr. 2.
Knopp, Konr., Prof. Dr., Königsberg i. Pr., Bergplatz 6.
Kobel, Dr., Höxter a. d. Weser.
Kober, Hermann, Dr., Breslau, Opitzstr. 68.
Kobert, Karl, Dr. phil., Vorsteher d. städt. chem. Untersuchungsamts, Dessau, Medicusstr. 12.
Koch, Dr., Zittau, Bahnhofstr. 28.
Koch, A., Dr. med. et dent., Ahlen i. W.
Koch, Adolf, San.-Rat Dr., leit. Arzt, Heilanstalten Hohenlychen, Kreis Templin i. Uckermark.
Koch, Eberh., Priv.-Doz., Dr., Köln-Lindenburg, Eleuderstraße 88.
Koch, Emil, Dr., Bochum i. W., Krankenhaus Bergmannsheil.
Koch, Franz Josef, Ing., Prof., i. Fa. Koch & Sterzel, Sekretariat, Dresden-A., Kaitzer Straße.
Koch, Georg, Hamburg 36, Neuer Jungfernstieg 17.
Koch, Heinrich, San.-Rat Dr. med., Stendal, Bismarckstr. 16.
Koch, Max, Prof. Dr. med., Prosektor d. städt. Krankenhauses am Urban, Berlin W 62, Wichmannstr. 14.
Koch, Rich., Dr., Frankfurt a. M., Savignystr. 8.
Koch, Willy, Dr. med., Leipzig, Gohliser Str. 2.
Kochmann, M., Prof. Dr., Halle a. S., Magdeburger Str. 22a.
Kockel, Richard, Prof. Dr. med., Leipzig, Albertstr. 36.
Köbel, Friedrich, Geh. Hofrat Dr. med., Stuttgart, Lange Straße 16.
Koebisch, Fritz, Dr. med., Obernigk b. Breslau, Friedrichshöhe, Sanatorium.
Köbner, Eduard, Dr. phil., Mannheim, Rosengartenstr. 18.
Köhl, Julius, Dr. med., Düsseldorf-Eller, Zeppelinstr. 8.
Köhler, Alban, Prof. Dr. med., Wiesbaden, Thelemannstraße 1.
Köhler, Alexander, Dr., Ass. a. mineralog.-petrograph. Inst. d. Univ., Wien.
Köhler, August, Prof. Dr., Jena, Roonstr. 9.
Köhler, Fritz, Univ.-Mechaniker a. D., Leipzig-Co., Windscheidstraße 33.
Koehler, O., Prof. Dr., München, Rosenbuschstr. 3.

Köhler, Paul, Geh. San.-Rat Dr., Bad Elster i. Sa.
Koehn, Ernst, San.-Rat Dr. med., Halle a. S., Kl. Steinstraße 5.
Köhne, Wilhelm, San.-Rat Dr., Duisburg, Königstr. 6.
Kölliker, Th., Geh. Med.-Rat Prof. Dr., Leipzig, Marienstraße 20.
König, Adolf, Prof. Dr., Ing., Karlsruhe, Eisenlohrstr. 27.
König, Bernh., Apotheker, Löningen i. Oldenburg.
König, H., Prof. Dr., Bonn, Meckenheimer Allee 74.
König, Paul, Dir., Dr., Berlin-Tegel, Schlieperstr. 46.
König, Walter, Prof. Dr. phil., Dresden-A. 24, Bayreuther Straße 31, pt.
Königer, Hermann, Prof. Dr. med., Erlangen, Mediz. Klinik, Bismarckstr. 7.
Koenigsberger, J., Prof. Dr., Freiburg i. Br., Günterstalstraße 47.
Königsdörffer jun., Johannes, Dr., München, Rotmundstr. 6.
Koenigsfeld, Harry, Prof. Dr. med., Freiburg i. Br., Med. Univ.-Klinik, Johanniterstr. 6.
Koepke, Karl, Dr. med., Darmstadt, Kiesstr. 90.
Köpp, Arthur, Komm.-Rat Dr., Chemiker u. Fabrikbes., Leipzig-Lindenau, Thüringer Str. 1—7.
Koeppe, Hans, Prof. Dr. med., Gießen, Alicestr. 3.
Koeppel, Dr., Oberstudiendir., Passau, Oberrealschule.
Köppen, August, San.-Rat Dr., Norden/Ostfriesland, Asterstr. 13.
Köppler, Ing., i. Fa. Siemens & Halske A.-G., Techn. Büro, Gleiwitz/Schl.
Körber, F., Prof. Dr., Düsseldorf, Kaiserswerther Str. 164.
Koerner, Hans, Geh. Rat Prof. Dr. med., Halle, Blumenstraße 13.
Körner, Hans, Dr. med., Erfurt, Wilhelmstr. 31.
Körner, Karl, Studiendir. Dr., Windhuk/Südwest-Afrika, Postfach 78.
Körner, Otto, Dr. med., Kipsdorf (Erzgebirge), Oberpostdirektionsbezirk Dresden.
Körte, W., Geh. San.-Rat Prof. Dr., Dir. a. städt. Krankenhaus, Berlin W 11, Hafenplatz 7.
Koerting, Walther, Dr., II. Ass. d. dt. geburtshilfl. Univ.-Klinik, Prag I, Plattnergasse 7.

Koester, Fritz, Dr., Oberarzt, Düren i. Rhld., Provinzial-Heilanstalt.
Köstermann, E., Dr., Hannover, Kriegerstr. 29.
Kötschau, R., Dr. med.; Schönwölkau, Krs. Delitzsch.
Köttnitz, Albin, San.-Rat Dr. med., Zeitz, Brühl.
Kohl, Fritz, Ing., Leipzig, Brüderstr. 3.
Kohlrausch, Arndt, Prof. Dr., Berlin-Zehlendorf-West, Am Heidehof 33.
Kohn, Alfred, Prof. Dr., Vorstand d. histolog. Inst., Prag, Deutsche Univ.
Kohn, Emerich, Prof. Dr., Wien III/2, Gärtnergasse 8.
Kohn, G. Franz, Dr., Donitz b. Karlsbad/Bö., Wirtschaftshof 45.
Kohn, Jul., San.-Rat Dr., Frankfurt a. M., Schillerstr. 15, I.
Kolbe, Dr., Leipzig-Co., Brandstr. 7.
Koll, Ed., San.-Rat Dr., Oberarzt a. städt. Krankenhs. Barmen, Sanderstr. 12.
Koller, H., Dr. med., Winterthur, Wartstr. 8.
Kolliner, Martha, Dr., Wien XIX, Peter-Jordan-Str. 19.
Koltzoff, Nikol., Prof. Dr., Dir. d. Inst. f. experimentelle Biologie, Moskau, Siozew Vragen 41.
Komitee für Chilesalpeter in Berlin siehe Dr. Paul Bertram oder Dipl.-Landwirt Ing. Hans Roesler, Charlottenburg.
Konek, *von*, Fritz, Prof. Dr., Budapest II, Keleti Karoly-Utca 31.
Konen, Heinrich, Prof. Dr., Bonn, Nußallee 6.
Konjetzny, Prof. Dr., Kiel, Chirurg. Univ.-Klinik.
Kopp, C., Zahnarzt, Weimar, Schwanseestr. 3.
Kopp, Karl Josef, Dr. med., Köln, St. Agathestr. 31.
Korb, Wilhelm, Dr. med., Leipzig-Go., Kaiser-Friedrich-Straße 22.
Koref, Fritz, Dr., Charlottenburg 2, Gutenbergstr. 9.
Korhan, Dr., Physiker, Berlin NW 87, Tile-Wardenberg-Straße 26.
Korn, Arthur, Prof. Dr., Bln.-Charlottenburg, Schlüterstraße 25.
Kornfeld, Gertrud, Dr., Hannover, Pension Waldeck, Aegidiendamm 7.
Korschelt, Eugen, Geh. Reg.-Rat Prof. Dr., Marburg, Boserstr. 23, Zoolog. Institut.
Korten, Friedrich, Dr., Bln.-Karlshorst, Treskowallee 92c.

Kortzeborn, Alfons, Dr. med., Ass. a. d. Chirurg. Univ.-Klinik, Leipzig.
Kosmos, Gesellschaft der Naturfreunde, Stuttgart, Pfizerstraße 5.
Kossel, Albrecht, Prof. Dr., Heidelberg, Akademiestr. 3, Univers.
Kossmat, Prof. Dr., Leipzig, Simsonstr. 2.
Kost, Hans, Dr., Bergen b. Traunstein/Ob.-Bayern.
Kowarz, K. M., Dr., Linz, Obere Donaulände 7.
Kowitz, H. L., Dr. med., Hamburg 20, Eppendorfer Krankenhaus, Martinistr. 52.
Kraft, Ernst, Dr., Bad Kissingen.
Kraft, Friedr., Dr., Wien XIII/9, Krankenhaus d. Stadt Wien in Lainz.
Krailsheimer, Edmund, Geh. Hofrat San.-Rat Dr., Stuttgart, Neckarstr. 24.
Krais, Paul, Prof. Dr., Dresden-A., Wiener Str. 6.
Kramer, A., Oberstudienrat Prof. Dr., Leipzig-Gohlis, Basedowstr. 1a.
Kramer, Franz, Prof. Dr.med., Berlin NW 6, Viktoriastr. 28.
Krann, Georg, Dr., Berlin, Waldstr. 23.
Krant, Heinr., Dr., München, Richard-Wagner-Str. 2, II.
Kranz, P., Prof. Dr., München, Steinsdorfstr. 10, I.
Krapf, Herm., Dr., Chemiker, Charlottenburg 1, Königin-Luise-Str. 3.
Kraske, Paul, Geh.-Rat Prof. Dr. med., Freiburg i. Br., Ludwigstr. 41.
Krasny, von, Arnold, Prof. Dr., Wien VIII, Colloredogasse 21.
Kratzer, A., Prof., Münster i. W., Sertürnerstr. 23.
Kraus, Erik Johannes, Doz., Dr., Prag II, Vetrnicka 2.
Kraus, Friedr., Geh. Med.-Rat Prof. Dr., Berlin, Brückenallee 7.
Krause, Dr., Zahnarzt, Hannover, Bödekerstr. 68.
Krause, Arthur, Prof. Dr., Leipzig-Stötteritz, Reitzenhainer Str. 189.
Krause, Georg, Dr. med., Johanngeorgenstadt, Henneberger Str. 172.
Krause, Joh., Assist., Breslau 10, Matthiasplatz 5, Seitenhaus.
Krause, Max, San.-Rat Dr., Breslau, Bohrauer Str. 29.

Krause, Paul, Geh. Med.-Rat Prof. Dr., Münster i. W., Neuplatzstr. 7.
Krauß, Erich, Dr., Leipzig - Eutritzsch, Krankenhaus St. Georg.
Krauß, Ferd., Dr., Priv.-Doz. f. Chemie, Braunschweig, Nordstr. 12.
Krauß, Karl, Dir., Wien VII, Karl-Schweighofer-Gasse 10—12.
Krauß, Reinhard, San.-Rat Dr. med., Heilanstalt Kennenburg b. Eßlingen a. Neckar.
Krauß, W., Prof. Dr., Düsseldorf, Steinstr. 13d.
Krauße, Otto, Dr. med., Leipzig, Sophienstr. 1.
Krazer, Adolf, Geh. Hofrat, Prof. Dr., Karlsruhe, Westendstraße 57.
Krebs, Norbert, Univ.-Prof. Dr., Freiburg i. Br., Sternwaldstr. 5.
Krehl, von, Ludolf, Geh. Rat Prof. Dr. med., Heidelberg, Bergstr. 106.
Kreitmair, H., Dr. med., Darmstadt, Bruchwiesenstr. 17.
Kretschmann, Erich, Dr. phil., Königsberg i. Pr., Adalbertstraße 15.
Kretschmar, Otto, San.-Rat Dr., Dresden-N., Albertplatz 8, II.
Kretschmer, Erich, Dr., München, Destoucherstr. 6.
Kreul, H., Stud.-Rat Dr., Zeulenroda i. Reuß, Schopperstraße 27.
Krey, H., Dir., Dr., Halle a. S., Friedenstr. 25.
Krieger, Arnold, Generalarzt a. D., Dr., Altona a. E., Körnerstr. 6.
Kröhl, Gustav, Dr. med., Scheßlitz b. Bamberg.
Kröhnke, Prof. Dr., Bln.-Zehlendorf, Kleiststr. 26.
Krökel, Fritz, Dr. phil., Willingen i. Waldeck, Haus im Stryck.
Krömer, P., Prof. Dr. med., Dir. d. Frauenklinik, Greifswald.
Kroetz, Dr., Greifswald i. P., Mediz. Univ.-Klinik.
Kromayer, Ernst, Prof. Dr. med., Berlin W 15, Meinekestraße 27.
Krone, Fritz, Dr., Bad Soden a. Werra.
Kronenberg, Emil, Dr. med., Solingen, Katternberger Straße 24.

Kronfeld, Alfred, Dr., Wien IX, Porzellangasse 22.
Kronstein, A., Dr., Fabrikdir., Karlsruhe i. B., Mathystraße 38, II.
Krückmann, Emil, Geh. Med.-Rat Prof. Dr., Berlin NW 23, Altonaer Str. 35.
Krüger, Albert, Dr. med., Kassel, Hohenzollernstr. 9.
Krueger, Ernst, cand. chem., Bln.-Wilmersdorf, Paderborner Str. 9.
Krüger, F. A. O., Prof., Dresden-N., Schillerstr. 35.
Krüger, Fr., Dr., Duisburg, Schweizerstr. 7.
Krüger, Friedrich, Prof. Dr. phil., Greifswald, Domstr. 10.
Krüger, Hugo, Dr., Chirurg., Dresden-A., Gabelsberger Str. 24, II.
Krüger, Wilh., Prof. Dr. phil., Dir. d. Versuchsstation, Bernburg, Junkergasse 3.
Krull, Egon, Dr. med., Güstrow i. M., Neue Wallstr. 11.
Krumm, Ferdinand, Med.-Rat Dr. med., leit. Oberarzt d. ev. Diakonissenh., Karlsruhe, Belforter Str. 21.
Kruse, Walter, Geh. Med.-Rat Prof. Dr., Dir. d. hygien. Inst., Leipzig, Königstr. 33.
Krzywanek, Wilhelm Fr., Dr., Leipzig, Tiroler Str. 6.
Kubierschky, Dr., Eisenach, Barfüßer Str. 18.
Kudlek, F., Dr. med., Düsseldorf, Duisburger Str. 112.
Kühl, Aug., Dr., i. Fa. Opt. Werke G. Rodenstock, München, Isartalstr. 41-43.
Kühler, Wilhelm, San.-Rat Dr. med., Kreuznach.
Kühn, Alfr., Prof. Dr., Göttingen.
Kühn, H., Generalveterinär, Dr., Wolfenbüttel, Reichsstr. 6.
Kühn, W., Dr., Frankfurt a. M.-West 13, Schloßstr. 102.
Kühn, W., Med.-Rat Dr. med., Thür. Kreisarzt, Rudolstadt, Sizzostr. 7.
Kühne, Rudolf, Dr. med., Ass. d. med. Univ.-Klinik, Leipzig, Liebigstr. 22.
Külz, Fritz, Dr. med., Leipzig, Liebigstr. 10.
Kümmel, Werner, Prof. Dr. med., Heidelberg, Neuenheimer Landstr. 48.
Kümmell, Hermann, Geh. Rat Prof. Dr., Hamburg 21, Am Langenzug 9.
Küppers, Prof. Dr., Freiburg i. Br., Hauptstr. 5.
Kürschner, Dr., Recklinghausen i. W., Hagemannstr. 17.

Küspert, F., Prof. Dr., Nürnberg, Naturhistorische Gesellschaft, Gewerbemuseumsplatz 4.
Küst, Diedrich, Dr., Springe, Bahnhofstr.
Küster, Emil, Prof. Dr. med., Reg.-Rat a. D., Oberursel a. T., Kumeliusstr. 21.
Küster, Hermann, Prof., Breslau, Viktoriastr. 107.
Küster, William, Prof. Dr. phil., Vorstand d. Lab. f. org. u. pharm. Chemie, Techn. Hochschule, Stuttgart, Kernerplatz 1.
Küstner, Otto Ernst, Geh. Med. Rat Prof. Dr., Trossin, Bez. Halle.
Küthe, Heinrich, Veterinärarzt, Dr., Mainz, Leibnizstr. 15.
Küttner, Hermann, Geh. Med.-Rat Prof. Dr., Breslau, Wardeinstr. 25.
Kuhn, Alfred, Dr. phil., Leipzig, Physik. chem. Institut.
Kuhn, Franz, Dr. med., Dir. d. St. Norbert-Krankenhauses, Bln.-Schöneberg, Mühlenstr. 3/4.
Kuhn, Phil., Prof. Dr., Dresden-A., Reichsstr., Staatl. Landesstelle f. öffentl. Landespflege.
Kuhnt, Hermann, Geh. Med.-Rat Prof. Dr., Bonn, Coblenzer Str. 89a.
Kulenkampff, H., Dr., München, Hohenzollernstr. 39.
Kulenkampff, Prof. Dr., Zwickau i. Sa., Kreiskrankenstift.
Kuliga, Paul, Dr., Düsseldorf,, Schumannstr. 78.
Kumm, Paul, Prof. Dr., Danzig, Thornscher Weg 13.
Kumpfmiller, A., Dr. Ing., Höcklingsen b. Hemer i. Westf.
Kunstmann, Erich, Dr. med., Dresden-A., Bismarckplatz 6, II.
Kuntzen, Dr. med., Leipzig, Reitzenhainer Str. 151.
Kunze, H., Stud.-Rat, Prof., Kassel, Landaustr. 24.
Kupferberg, Heinz, Med.-Rat Dr., Mainz, Hafenstr. 6.
Kurlbaum, Ferdinand, Geh. Reg.-Rat, Prof. Dr., Berlin-Dahlem, Peter-Lenné-Str. 32-34.
Kurth, Friedr., Stud.-Rat, Dr. phil., Zerbst i. Anh., Mühlenbrücke 72.
Kutta, Wilh., Prof. Dr. phil., Stuttgart, Römerstr. 138, I.
Kuttner, Leopold, Geh. San.-Rat Prof. Dr. med., Berlin N 65, Rudolf-Virchow-Krankenhaus.
Kuznitzky, Martin, San.-Rat Dr. med,, Köln a. Rh., Mohrenstr. 26,

Kyrle, Georg, Univ.-Prof. Dr., Wien XVIII, Währinger Straße 81.

Laaser, Moritz, San.-Rat Dr., Insterburg i. Ostpr.
Lade, Dr., Wiesbaden, Langgasse 3-10.
Ladenburg, Walter Rudolf, Prof. Dr., Breslau, Menzelstraße 87.
Laehr, Max, Geh. San.-Rat Prof. Dr. med., Wernigerode a. Harz, Mühlental 3.
Laemmerhirt, Walter, Apotheker, Weimar, Sophienstr. 1.
Läwen, Arthur, Prof. Dr. med., Marburg a. L., Chirurg. Univ.-Klinik.
Lahr, Eugen, Prof. Dr., Großh. Mädchenlyzeum zu Luxemburg, Luxemburg.
Lakowitz, Konrad, Prof., Dir., Dr., Danzig, Frauengasse 26.
Lameris, Prof., Utrecht/Holland.
Lampe, Dr. med., Osnabrück, Schillerstr. 6.
Lampe, Hans, Reg.-Med.-Rat Dr. med., Leipzig-Gohlis, Köthener Str. 52.
Lampe, Otto, Dr., Fabrikbes., Leipzig, Bismarckstr. 12, II.
Landau, Hans, Priv.-Doz. chir. Dr., Berlin W, Lützowplatz 9.
Landauer, Walter, Dr., Agricultural Experiment Station Storrs/Connecticut, U. S. A.
Landesstelle für Gewässerkunde, München.
Landgraf, Jos., Prof., Bruck a. Mur./Steiermark, Bismarckstraße 1a.
Landgraf, Karl, Dr. med., Wolfenbüttel, Schloßplatz 3.
Landois, Felix, Prof. Dr., Berlin W 30, Barbarossaplatz 1.
Landwirtschaftl. Versuchsstation, Institut d. Landwirtschaftskammer f. d. Prov. Hannover, Hildesheim, siehe Peschek, Ernst, Dr.
Lang, Dr. med., Düsseldorf, Theresien-Hospital.
Lang, Robert, Stud.-Dir., Prof., Rektor d. Realgymnasiums, Stuttgart, Herdweg 98B.
Lange, Erich, Dr., Ass a. chem. Labor. physik. chem. Abt., München, Karlstr. 23, I.
Lange, Fritz, Geh. Hofrat, Prof. Dr. med., München, Mozartstr. 21.
Lange, Jérome, Prof. Dr. med., Leipzig, Ferd.-Rhode-Straße 18.

Langecker, Hedwig, Dr., Prag II, Alberttor, Ass. a. Pharmakol. Inst. Wichowsky.
Langendörfer, Dr. med., Bottrop i. W., Paßstr. 23.
Langer, Heinr., Prof., Tetschen a. E., Staatsgewerbesch.
Langguth, F., Dr., Bad Oeynhausen, Charlottenstr. 2.
Landwirtschaftl. Versuchsanstalt Augustenburg, Post Grötzingen b. Durlach i. B., siehe Mach, Vorstand der Anstalt.
Langhans, Victor, Prof. Dr., Hirschberg/Böhmen.
Langheinrich, Otto, San.-Rat Dr., Kettwig a. Ruhr, Hauptstraße 12.
Langstein, Leo, Prof. Dr. med. et phil., Berlin W 15, Lietzenburger Str. 28.
Lanick, Alfred, Dr., Leipzig, Schlegelstr. 2.
Lanz, von, Titus, Dr., München, Anatom. Inst., Pittenhofer Str. 11.
Laquer, Fritz, Priv.-Doz., Dr. med., Nymwegen/Holland, Von Spaenstr. 16.
Lau, Max, Dr., Bad Wildungen.
Laubenburg, Karl Ernst, San.-Rat Dr. med., Remscheid.
Lauber, Hans, Priv.-Doz., Dr., Wien VIII, Alserstr. 25.
Laubert, K., Studienrat, Kassel, Parkstr. 37, II.
Lauche, A., Priv.-Doz., Dr. med., Bonn a. Rh., Meckenheimer Str. 43.
Laudenheimer, Rudolf, Dr. med., München, Türkenstraße 104m.
Laudien, Ernst, Dr., Ludwigshafen a. Rh., Parkstr. 45.
Laudien, Hermann, San.-Rat Dr. med., Bad Kissingen, Ludwigstr. 8.
Lauenstein, Friedr., San.-Rat Dr. med., Lüneburg, Friedenstr.
Lautsch, H., Dr. med., Leipzig-Gohlis, Lindenthaler Str. 2a.
Laven, Ludwig, Dr., Köln, Mohrenstr. 2.
Laves, Ernst, Prof. Dr., Hannover, Nienburger Str. 11.
Lecher, Ernst, Hofrat, Prof. Dr., Wien IX/I, Boltzmanngasse 5.
Lee, Dr., Radebeul b. Dresden, Lessingstr. 2.
Lehmann, F., San.-Rat Dr. med., Heilanstalt Hartheck, Post Gaschwitz b. Leipzig.
Lehmann, Gustav, Dr. med., Berlin N 4, Invalidenstr. 103a.
Lehmann, Otto, Prof. Dr., Museums-Dir., Altona a. E.

Lehmann, Paul, Dr. med., Düsseldorf, Grafenberger Allee 36.
Lehnerdt, Prof. Dr., Halle a. S., Salzgrafenstr. 3.
Lehnert, Friedrich, Dr. med. Reg.-Med.-Rat u. Bezirksarzt, Werdau i. Sa.
Lehr, Hermann, Dr. med., Stuttgart, Alexanderstr. 150.
Leicher, Hans, Dr. med., Frankfurt a. M.-West, Robert-Mayer-Str. 31.
Leier, Prof. Dr., Offenburg, Hauptstr. 32a.
Leiner, Karl, Doz., Dr., Wien IX, Schwarzspanierstr. 9.
Leischner, Hugo, Primararzt, Priv.-Doz., Dr., Brünn/Tsch.-Slow., Massarykstr. 6.
Leißner, Gertrud, Frau, Dr. med., Meerane i. Sa., Bornemannstr. 18.
Leiter, Fritz, cand. med., Wien IX.
Leitz, Ernst, Dr., Wetzlar.
Lembke, Wilhelm, Reg. u. Med.-Rat Dr., Hildesheim.
Lemme, Heinrich, Oberstudienrat, Prof. Dr., Dresden-N. 6, Kurfürstenstr. 31.
Lenard, Philipp, Geh. Rat Prof. Dr., Heidelberg, Neuenheimer Str. 2.
Lengemann, Paul, Dr. med., Chirurg., Bremen, Am Dobben 145.
Lengnick, Hans, Dr. med., Tilsit, Sommerstr. 44.
Lenhard, Oskar, Dr. med., Leipzig, Gletschersteinstr. 24.
Lenk, Erhard, Dr., Leipzig, Albertstr. 30, II.
Lenneberg, Rob., Dr. med., Düsseldorf, Kreuzstr. 63.
Lennhoff, Carl, Dr., Magdeburg, Königgrätzer Str. 5.
Lennhoff, Rudolf, Ober-Reg. u. Med.-Rat Prof. Dr. med., Berlin SO 16, Schmidtstr. 37.
Lenz, Kreis-Med.-Rat Dr., Bartenstein i. Ostpr.
Lenz, Georg, Prof. Dr., Breslau, Schweidnitzer Stadtgraben 16a.
Lenzmann, Rich., San.-Rat Prof. Dr., Duisburg, Diak.-Krankenhaus, Börsenstr. 5.
Leo, Hans, Geh. Med.-Rat Prof. Dr. phil. et. med., Bonn a. Rh., Coblenzer Str. 93.
Leo, Julius, Dr., Apothekenbes., Pirna i. Sa.
Lepke, Stud.-Rat, Dr., Franfurt a. M.- Eschersheim, Am grünen Graben 2.

Lepsius, B., Prof. Dr., Dr.-Ing., Lichterfelde, Potsdamer Straße 35.
Lepsius, R., Dr., Dir. d. Sprengluftges., Berlin W 10, Königin-Augusta-Str. 43.
Lerch, Friedr., Prof. Dr., Innsbruck, Schöpfstr. 41.
Leschinsky, Wolfgang, cand. chem., Leverkusen b. Köln a. Rh., Kasino.
Leschke, Erich, Prof. Dr. med., Bln.-Charlottenburg 4, Mommsenstr. 42.
Leschopoulos, Alexander, Dr. med., München, Haydnstr. 4.
Leuchs, Karl, Dr., Chemiker, Bln.-Zehlendorf, Spinnstoffwerk.
Leuchtenberger, Rudolf, Dr., Davos-Wolfgang/Schweiz, Pension Höhwaldhof.
Leupelt, Adolf, Dr. M. U., Warnsdorf/Böhmen.
Levison, San.-Rat Dr. med., Düsseldorf, Oststr. 6.
Levy, H., Dr. med., Michendorf b. Berlin.
Leupold, Ernst, Prof., Dr. med., Würzburg, Bismarckstr. 2.
Levidé, Alice, Fr., Medizinalpraktikantin, Bad Kissingen, Sanatorium Dr. Pick.
Levin, Kurt, Dr., Oranienburg b. Berlin, Markgrafenstr. 29.
Levinstein, Iwan, Dr., Manchester, 21 Minshull Street.
Levy, Max, Dr.-Ing., Berlin N 65, Müllerstr. 30.
Levy, Walter, Dr., Königsberg i Ostpr.
Levy-Dorn, Max, Prof. Dr. med., Berlin W 62, Kurfürstendamm 2.
Lewandowsky, Prof. Dr., Berlin W 35, Magdeburger Str. 5.
Lewin, Arthur, San.-Rat Dr. med., Berlin W 50, Tauentzienstr. 13.
Lewin, Jul., San.-Rat Dr., Berlin W 30, Motzstr. 63.
Lewinnek, Hans, Dr., Bln.-Weißensee, Berliner Allee 245.
Lewinsohn, Kurt, Dr., Berlin W, Kleiststr. 34.
Lewy, F. H., Prof., Berlin W 10, Matthäikirchstr. 8.
Lexer, Erich, Geh. Med.-Rat Prof. Dr., Freiburg i. Br. Wintererstr. 10.
Lichtenauer Dr. med., Stettin, Behr-Negendank-Str. 3.
Lichtenheld, Geheimrat, Dr., Weimar, Carl-Alexander-Allee 11.
Lichtwitz, Prof. Dr. med., Altona-Ottensen, Kaiserstr. 23D.
Lieb, Hans, Prof. Dr., Graz, Kirchengasse 13.
Lieben, von, Ernst, Dr., Wien I, Oppolzer Gasse 6.

Liebermeister, Gust., Dr., Oberarzt a. städt. Hospital, Düren i. Rh., Roonstr. 8.
Liebknecht, Dr., i. Fa. Deutsche Gold- u. Silberscheideanstalt, Frankfurt a. M.,
Liebreich, Erich, Dr. phil., Halensee, Joachim-Friedrich-Straße 51.
Lienau, Arn., Dr. med., Hamburg, Am Weiher 5.
Lierenfeld, A., Ing., Berlin NW 23, Lessingstr. 25.
Liertz, Dr. med., Bad Homburg v. d. Höhe, Weinbergsweg 68.
Liese, Dr., Stud.-Rat, Oberhausen, Städt. Oberrealschule.
Liesegang, James, Hösel i. Rhld., Preußenstr. 27.
Liesegang, Paul F., Düsseldorf, Alexanderstr. 26.
Liesegang, R. Ed., Dr., Frankfurt a. M.-Bockenheim, Schloßstr. 21.
Lignitz, Dr. med., Leipzig, Krankenhaus St. Georg.
Liholzky, Erwin, Dr., Wetzlar a. Lahn, Opt. Werke Leitz, Neuborner Str. 6.
Lilienstein, Siegfr., Dr. med., Bad Nauheim, Parkstr. 14.
Lilienthal, von, Reinhold, Prof. Dr., Münster i. W., Rudolfstr. 16.
Limbourg, Ph., San.-Rat Dr., Köln a. Rh., Hohenstaufenring 54.
Linck, Gottlob, Geh. Hofrat, Prof. Dr. phil., Jena, Wildstraße 16.
Lind, Amtsgerichtsrat Dr., Berlin W 30, Bamberger Str. 17.
Linde, v., Carl, Ritter, Geh. Hofrat Prof. Dr. Dr. Ing., München 44, Prinz-Ludwigs-Höhe 41.
Lindemann, August, Dr. med., Düsseldorf, Westdeutsche Kieferklinik, Arnoldstr. 15.
Lindemann, F., Prof. Dr., Halle a. S., Weidenplan 17, II.
Lindemann, Wilh., San.-Rat Dr., Oberarzt d. Allg. Knappsch. V., Bochum, Kaiserring 15.
Linden, v., M., Gräfin, Prof. Dr., Bonn, Quantiusstr. 13.
Lindner, Desidor, Dr. med., Franzensbad/Tschech.-Slow., Villa Dr. Lindner.
Lindner, Hans, Dipl.-Ing., Chemiker, Grenzach/Baden, Basler Str. 37.
Lindner, K., Dr., Wien I, Novemberring 12.
Lindner, Paul, Prof. Dr. phil., Charlottenburg 4, Sybelstraße 9, II.

Lindner, R., Taubstummen-Lehrer, Leipzig, Johannisallee 11, III.
Liniger, Prof. Dr., Landes-Med.-Rat a. D., Frankfurt a. M., Schumannstr. 65, II.
Linke, F., Prof. Dr., Frankfurt a. M., Mendelssohnstr. 77.
Linker, Adalbert, stud. jur. et rer. pol., Leipzig-Go., Jägerstr. 15.
Linker, Hermann, Dr. jur., Leipzig-Go., Jägerstr. 15.
Linker, Hilmar, Referendar, Leipzig-Go., Jägerstr. 15.
Linnartz, Fr., Oberapotheker, Breslau-Krietern, Breslauer Straße 27.
Linnemann, Dr., München, Pettenkoferstr. 27.
Linnemann, Max, Dr., Hinterbrühl/N.-Ö., Parkstr. 5.
Linsbauer, K., Prof. Dr., Graz, Liebiggasse 7.
Lippert, Ernst, Dr., Mülheim-Broich, Duisburger Str. 59 Ch. Tv.: Vertreter? Siehe Dr. Corvey,
Lippisches Landesamt für Volkswohlfahrt u. Volksgesundheit, Detmold.
Lippke, Werftdir., Ing., Orsoy a. Niederrhein.
Lippmann, v., Ernst, cand. chem, München, Lucile-Grahm-Str. 44, II, b. v. Hübbenet.
Lipschitz, Werner, Priv.-Doz., Dr. phil. et med., Frankfurt a. M., Leerbachstr. 27.
Lisse, Leopold, Lichterfelde-West, Potsdamer Str. 3.
Lissner, H., Stud.-Rat, Dr., Leipzig, Johannisplatz 8, I.
List, Jos., Bürgerschuldirektor, Wien 13, Gallgasse 27.
Litthauer, Max, San.-Rat Dr. med., Berlin W 10, Königin-Augusta-Str. 50.
Lobeck, Oskar, Dr. phil., Leipzig, Elisenstr. 10.
Lochte, Theodor, Med.-Rat. Prof. Dr. med., Göttingen, Bühlstr. 19.
Lockemann, Georg, Geh. Reg.-Rat Prof. Dr. phil., Berlin-Grunewald, Königsweg 126.
Löbenstein, Dr., Leipzig-Gohlis, Hallische Str. 48.
Löffler, B., Dr., Frankfurt a. M., Heinestr. 5.
Löhner, Leopold, Prof. Dr. med. et phil., Graz, Kahlbärthgasse 6.
Löhner, Max, München, Auenstr. 15.
Loeschcke, Hermann, Prosektor, Dr., Mannheim, Paul-Martin-Ufer 40.
Loesche, Adolf, Dr., Leipzig, Salomonstr. 10.

Loeser, Alfred, Dr., Berlin W 35, Magdeburger Str. 22.
Löwe, Dr., Leipzig, Mediz. Univ.-Poliklinik, Nürnberger Straße 55.
Loewe, Arno, San.-Rat Dr. med., Dresden, Johann-Georgen-Allee 12.
Loewe, Hermann, Dr., Bln.-Charlottenburg, Knesebeckstraße 26.
Löwe, Hermann, Dr., Sorau i. Niederlausitz, Fachschule für Textilindustrie.
Loewe, S., Prof. Dr. med., Dorpat/Estland, Wallgraben 12.
Löwenberg, Max, Dr., Oberarzt a. d. Akad. f. prakt. Med., Düsseldorf, Oststr. 115.
Löwenstein, Erich, Dr., Göttingen, Kurze Str. 21.
Loewenstein, E., Prof. Dr., Wien IX/2, Zimmermanngasse 3.
Loewenstein, Joseph, Dr. med., Hannover, Hindenburgstraße 27.
Löwenstein, Otto, Prof. Dr., Bonn, Hohenzollernstr. 9.
Löwenthal, Ernst, Chemiker, Berlin W 15, Knesebeckstraße 46/47, b. Hirschland.
Löwenthal, Karl, Dr., Berlin NW 21, Städt. Krankenhaus Moabit.
Löwenthal, Rud., San.-Rat Dr., Magdeburg-Buckau, Thiemstr. 11.
Löwi, Emil, Dr., Wien II/1, Novaragasse 20.
Loewi, Otto, Hofrat Prof. Dr., Graz, Univers.
Löwy, Julius, Doz., Dr., Klinischer Ass., Prag II, Allg. Krankenhaus, Klinik Hofrat v. Jaksch.
Löwy, Moriz, Dr., Wien II, Czerningasse 8.
Logemann, Otto, Dr., Hall i. Tirol, Gasthof Stern, b. Dr. Poell.
Loges, A., Dr. med., Düsseldorf, Kaiser-Wilhelm-Str. 55.
Lohmann, Anton, Dr., Mülheim a. d. Ruhr, Friedrichstr. 3.
Lohr, Erwin, Prof. Dr., Brünn, Deutsche Techn. Hochschule, Hutterteich 3.
Loos, P. A., Dr., Godoy-Cruz-Mendoza/Argentinien, Calle Perito Moreno 1161.
Lorentz, Friedrich, Rektor, Berlin NW 5, Wilhelmshavener Straße 45.
Lorenz, Erich, Stud.-Rat Dr., Liegnitz/Schles., Schützenstraße 9, III.

Lorenz, Hans, Geh. Reg.-Rat Prof. Dr., Danzig-Langfuhr, Am Johannisberg 7.
Lorenz, Heinrich, Prof. Dr. med., Graz, Elisabethstr. 16.
Lorey, Wilh., Prof. Dr., Oberstud.-Dir. d. öff. Handelslehranstalt Leipzig, Fockestr. 7.
Losert, Josef, Dr. med., Troppau/Tsch.-Slow., Krankenhs.
Loss, Heinrich, San.-Rat Dr. med., Worms, Kämmererstraße 42.
Lossen, Heinz, Dr. med., Frankfurt a. M., Lange Str. 4.
Lossow, Paul, Dr., Hamburg, Dammtorstr. 27, I.
Lottermoser, Alfred, Prof. Dr. phil., Dresden-A., Zellersche Straße 31, Erdg.
Lotze, A., Dr., Barmen, Poststr. 5.
Lotze, Konrad, Dr. med., Dresden-A. 16, Striesener Str. 11, I.
Lovrich, Joseph, Prof. Dr. med., Dir. d. Hebammenschule, Budapest, Kökk-Szilard-Gasse 33.
Lubarsch, Otto, Geh. Med.-Rat Prof. Dr., Bln.-Charlottenburg, Bismarckstr. 121.
Lubliner, Hans Simon, Bln.-Halensee, Küstriner Str. 3.
Luckenburg, Fritz, Apotheker, Bln.-Schöneberg, Freiherr-vom-Stein-Str. 15.
Ludewig, Stefan, Dr., Dresden-A., Wielandstr. 2.
Ludloff, Karl, Prof. Dr., Frankfurt a. M., Schumannstr. 11.
Lück, Hugo, Dr., Leipzig, Reitzenhainer Str. 3.
Lueg, Werner, Dr., Jena, Ass. d. mediz. Klinik.
Lührig, H., Dir., Dr. phil., Breslau, Tiergartenstr. 19.
Lührs, Ernst, Prof. Dr., Bln.-Dahlem, Fabeckstr. 43.
Lührs, Karl W. J., Dr. med., Hamburg, Alstertor 13, I.
Lührse, Dr. Stettin, Kaiser-Wilhelm-Str. 2.
Lüpke, Fr., Prof., Stuttgart, Urbanstr. 47, II.
Lüschen, Fritz, Obering., Bln.-Siemensstadt, Wernerwerk.
Lüssen, Engelbert, Dr., Engers a. Rh.
Lütkemeyer, Prof. Dr., Essen a. Ruhr, Hedwigstr. 19.
Lüttge, Werner, Dr. med., Hamburg, Klopstockstr. 10.
Lüttringhaus, Arthur, Dr., Mannheim, Stefanienufer 6.
Luft, Gustav, Dr. med., Homberg/Oberhessen.
Luithlen, Friedr., Prof. Dr. med., Wien I, Seilergasse 3.
Lustig, A. Alfred, Dr. med., Franzensbad (Sommeraufenthalt), Meran/Südtirol (Winteraufenthalt).
Lutter, August, San.-Rat Dr. med., Kamen i. W.

Maas, Johanna, Frau Dr., Bln.-Charlottenburg, Krankenhaus Westend.
Maaß, Siegfried, Med.-Rat Dr., Leipzig, Heilanstalt Dösen.
Mach, Felix, Prof. Dr. phil., Vorstand d. landwirtsch. Versuchsanstalt Augustenberg, Post Grötzingen/Baden.
Maciejewski, B., Ing., Fabrikbes., Bochum, Wilhelmstr. 8.
Mack, Karl, Prof. Dr., Prag I, Husova 5.
Mack, K., Prof. Dr., Hohenheim b. Stuttgart.
Mackenrodt, Alwin, Prof. Dr. med., Berlin W 10, Bendlerstraße 19.
Mackenthun, Paul, San.-Rat Dr. med., Leipzig, Georgi-Ring 11.
Madaus, Gerhard, Dr., Radeburg, Bez. Dresden.
Madelung, Walter, Prof. Dr., Freiburg i. Br., Maximilianstraße 3.
Maerz, Dr., Eßlingen a. Neckar, Neckarstr. 31.
Magnus, Werner, Prof., Berlin W 35, Am Karlsbad 4a.
Mahnert, Alfons, Dr., Graz/Österr., Goethestr. 48.
Mai, Ludwig, Oberreg.-Rat Dr., Berlin W 15, Konstanzer Straße 4.
Maillefert, Georg, Dr. med., Quasnitz b. Leipzig.
Mainx, Felix, cand. nat., Prag-Smichow, Zborovska 34.
Mallinckrodt, von, Konrad Gustav, Dr. med., Elberfeld, Wortmannstr. 6.
Mamlok, H. J., Prof. Dr., Berlin W 35, Kurfürstenstr. 143.
Manasse, Paul, Prof. Dr. med., Würzburg, Theaterstr. 2.
Manchot, Wilhelm, Prof. Dr. phil., München, Elisabethstraße 10.
Mancke, Rudolf, Medizinalpraktikant, Leipzig, Elsterstr. 9.
Mandry, Gust., Geh. San.-Rat Dr., Chefarzt d. städt. Krankenhs., Heilbronn a. N.
Mangold, Ernst, Prof. Dr., Berlin N 4, Invalidenstr. 42, Physiolog. Inst. d. Landwirtsch. Hochschule.
Mangold, O., Dr., Abt.-Vorst. a. Kaiser-Wilhelm-Institut für Biologie, Berlin-Dahlem.
Mangold, Paul, Dr. ing., Bln.-Schöneberg, Landshuter Straße 24.
Mann, Fritz, San.-Rat Dr., Dir. d. Landesfrauenklinik, Paderborn.
Mannich, Carl, Univ.-Prof. Dr. phil., Frankfurt a. M., Marienstr. 3.

Marbach, Gustav, Dr. ing., Gelsenkirchen, Rheinallee 50.
Marchand, Felix Jakob, Geh. Med.-Rat Prof. Dr., Leipzig, Goethestr. 6.
Marchet, Dr., Ass. a. mineral. petrogr. Inst. d. Univ., Wien I.
Marckwald, Willy, Geh. Reg. - Rat Prof. Dr. phil., Berlin W 50, Achenbachstr. 6.
Marcus, Rob., Dr., Charlottenburg 2, Hardenbergstr. 19.
Maret, Jos., San.-Rat Dr. med., Trier, Christophstr. 16.
Mark, Robert, Dr., Ass. a. physiol. Inst. d. Univ. Wien, Wien IX, Schwarzspanierstr. 17.
Marquardt, Alex, Stud.-Rat Prof.Dr., Stolp i.P.,Geersstr.9.
Marquardt, Anton, Dr. med., Hagen i. Westf., Uhlandstr. 6.
Marquardt, Bruno, Dr., Leipzig-Lindenau, Uhlandstr. 2a.
Marsch, Ad., Stadtbaurat a. D., Augsburg, Pranthochstr. 6.
Martin, B., Prof. Dr., Charlottenburg, Herbartstr. 23.
Martin, Bertold, Dr., Freiburg i. Br., Karlstr. 51.
Martin, E. A., Dr. med., Potsdam, Sedanstr. 6.
Martin, Ed., Prof. Dr., Elberfeld, Vogelsangstr. 96.
Martin, Emil, Prof. Dr. med., Köln a. Rh., Kaesenstr. 11.
Martin, Paul, Dr., Annaberg i. Erzgeb.
Martin, Rudolf, Prof. Dr., München, Laplacestr. 24.
Martini, E., Dr., Inst. f. Schiffs- u. Tropenkrankheiten, Hamburg, Tarpenbeckstr. 96.
Martius, Heinrich, Prof. Dr. med., Vilich b. Beuel a. Rh., Schillerstr. 8.
Marx, Anton, Priv.-Doz., Dr., Prag V, Mikulasska 15.
Marx, Erich, Prof. Dr. phil., Leipzig, Kais.-Wilhelm-Str. 79.
Maßmann, Werner, Dr., Mülheim a. d. Ruhr, Querstr. 5.
Mathieu, Peter, Dr. med., Saarlouis, Adlerstr. 8.
Matouch, R., Dr., i. Fa. Franz Hugershoff G. m. b. H., Leipzig.
Matschke, Dr., Regierungs- u.Veterinärrat, Arnsberg i.W., Johannesstr. 10.
Matschoß, Prof. Dr., Dir. d. Vereins Dt. Ing., Berlin NW 7, Sommerstr. 4a.
Matt, Wilh., Dr., Münster i. W., Breul 15.
Matthaei, Rupprecht, Dr., Ass.a.Physiol.Inst., Bonn a.Rh., Am Botanischen Garten 26.
Matthes, Max, Geh. Med.-Rat Prof. Dr., Königsberg i. Pr., Ritterstr. 14.

Matthias, Martin, Stud.-Rat Dr. phil., Hagen - Eppenhausen i. W., Haßlayerstr. 14.
Matula, Johann, Prof. Dr., Wien IX, Währinger Str. 13a.
Matzdorf, Hans, Dr. med., Erdmannsdorf i. Sa.
Matzdorff, Gustav, Dr., Cottbus, Bahnhofstr. 7.
Mautner, Hans, Dr., Wien III, Dapontegasse 6.
May, Bruno, Dr. med., Berlin, Oranienplatz 139.
Mayas, Stud.-Rat Dr., Leipzig, Petrischule, Schenkendorfstraße 15, I.
Mayer, August, Prof. Dr., Tübingen, Univ.-Frauenklinik.
Mayer, Eduard K., Dr., Ulm a. Donau, Olgastr. 41.
Mayer, Friedrich J., Dr., Fahr/Rheinl.
Mayer, Fritz, Prof. Dr., Frankfurt a. M., Mendelssohnstraße 42.
Mayer, Karl, Prof. Dr., Innsbruck, Nervenklinik, Kaiser-Josef-Str. 5.
Mayer, Robert Franz, Wien IX, Garnisongasse 7.
Mayer, Rudolf, Dr., Freiberg i. Br., Eisenbahnstr. 41.
Mayer, Stephan Karl, Dr., Mainz, Gr. Bleiche 47, I.
Mayer, Wilh., Dr. med., München, Georgenstr. 20.
Mayr, v., Georg, Prof. Dr., Unterstaatssekretär, Tutzing, Villa Mayr.
Mayrhofer, Bernhard, Prof. Dr., Innsbruck, Bürgerstr. 21.
Mayweg, Dr., Hagen i. W., Friedrichstr. 6.
Mecklenburg, Werner, Dr., Außig/Tsch.-Slow.
Meder, Edward, Kreismed.-Rat Prof. Dr. med., Köln, Beethovenstr. 15.
Meenen, van, Ad., San.-Rat Dr. med., Wiesbaden, Taunusstraße 52, III, Sanat. Lindenhof.
Meerwein, Hans, Prof. Dr. phil., Königsberg i. Pr., Chem. Inst. d. Univ.
Mehmke, Rud., Prof. Dr., Degerloch b. Stuttgart, Löwenstraße 102.
Mehnert, Manfred, Dr., Leipzig, Löhrstr. 12, II.
Meigen, Friedr., Prof. Dr., Dresden-A. 16, Holbeinstr. 107.
Meigen, Wilhelm, Prof. Dr. phil., Gießen, Univ., Südanlage 16.
Meiner, A., Hofrat Dr., Leipzig, Dörrienstr. 16.
Meinertz, Joseph, Prof. Dr. med., Dir. d. Inn.-Abtlg. d. Städt. Krankenhs., Worms, Siegfriedstr. 10.
Meingast, Rudolf, Dr., München, Winzererstr. 86, IV.

Meinhardt, F., Dr. med., Gera, Schloßstr. 1.
Meirowsky, Emil, Prof. Dr. med., Köln a. Rh., Hohenzollernring 20.
Meisels, Dr., Lemberg (Lwow)/Polen, Instytut rentgenowski, Kopernika 5.
Meisenheimer, Johann, Prof. Dr., Leipzig, Talstr. 33.
Meitner, Lise, Frl. Prof. Dr., Bln.-Dahlem, Kais.-Wilhelm-Institut für Chemie, Thielallee 63.
Meixner, Karl, Univ.-Prof. Dr., Wien XVII/2, Dornbacher Straße 48.
Melamid, Michael, Dr., Zehlendorf a. Wannseebahn, Riemeisterstr. 38.
Mendel, Joseph, Redakteur, Bln.-Wilmersdorf, Berliner Straße 15.
Mendelsohn, Hermann, Dr. med., Crimmitschau, Werdauer Straße 26.
Meng, Heinrich, Dr., Stuttgart, Charlottenbau.
Menge, Karl, Geh. Rat Prof. Dr. med., Heidelberg, Zeppelinstr. 33.
Menne, Eduard, Dr. med., Bad Kreuznach, Ludendorffstraße 15.
Mennecken, Tierarzt, Delbrück i. Westf.
Menzel, Heinrich, Dipl.-Ing. Dr., Dresden-A. 10, Mathildenstraße 46.
Menzel, Hugo, Geh. San.-Rat Dr., Görlitz, Wilhelmsplatz 1.
Menzel, Paul, San.-Rat Dr., Dresden-A., Mathildenstr. 46.
Merck, Fritz, Dr., Darmstadt, Frankfurter Str. 250.
Merck, Karl, Dr., Darmstadt, Heinrichstr. 29.
Merck, Willy, Geh. Komm.-Rat Dr. phil., Chemiker, Fabrikant, i. Fa. E. Merck, Darmstadt, Annastr. 15.
Merkel, Erich, Dr., Elberfeld, Elberfelder Farbenfabriken.
Merkel, Ferdinand, Dr. med., Stuttgart, Herdweg 11.
Merkel, Friedr., San.-Rat Dr. med., Nürnberg, Maxplatz 20.
Merker, Ernst, Priv.-Doz., Dr., Gießen, Gnauthstr. 16.
Mertens, Carl, Dr., Oberarzt der Prov.-Irren-Anstalt, Lengerich i. Westf.
Mertens, Waldemar, San.-Rat Dr., Wiesbaden, Bierstatter Straße 25.
Merton, H., Dr., Heidelberg, Philosophenweg 16.
Mestitz, Walter, M. U., Dr., Wien IV, Weyringer Gasse.

Methner, Alfred, Geh. Rat Dr., Pfaffendorf, Krs. Reichenbach/Schles.
Mettegang, Hans, Dr., Dir. der Dynamitfabrik Wahn, Wahn/Rhld.
Metzger, Dr., Univ.-Augen-Klinik, Frankfurt a. M.
Metzner, Rud., Prof. Dr., Physiol. Inst. d. Univ. Basel, Vesalianum.
Mex, Paul, Dr. h. c., Berlin W 62, Lutherstr. 3, II.
Mey, Carl, Fabrikdir., Dr., Berlin NW, Solinger Str. 3.
Meyer, Adolf, Vet.-Rat Dr., Bochum, Wittener Str. 68.
Meyer, Adolf, Dr., Hamburg 26, Schulenbecksweg 11, pt.
Meyer, Alfred, Dr. med., Bonn a. Rh., Univ.-Nervenklinik.
Meyer, Arthur W., Priv.-Doz., Dr., Charlottenburg, Krankenhaus Westend, Chir. Abtlg.
Meyer, E. H. L., Dr., Karlsruhe i. Baden, Stephanienstr. 12.
Meyer, Edgar, Prof. Dr. phil., Zürich 7/Schweiz, Kraftstraße 48, Physik. Inst. d. Universität.
Meyer, Ernst, Geh. Med.-Rat Prof. Dr., Dir. d. Psychiatrischen Klinik, Königsberg-Amalienau i. Pr., Alte Pillauer Landstr. 23.
Meyer, Erich, Prof. Dr. med., Göttingen, Med. Klinik u. Poliklinik d. Univ., Nikolausberger Weg 73.
Meyer, Ferd., Med.-Rat Dr., Lennep, Sauerbrennstr. 24.
Meyer, Fritz Jürgen, Priv.-Doz., Dr., Braunschweig, Damm 34.
Meyer, F. W., Dr. ing., Braunschweig, Hagenring 49.
Meyer, Georg, Prof. Dr. phil., Freiburg i. Br., Karlstr. 20.
Meyer, Hans, Geh. Hofrat Prof. Dr., Leipzig, Haydnstr. 20.
Meyer, Hans, Prof. Dr., Bremen, Parkallee 73.
Meyer, Hans Horst, Hofrat Geh. Med.-Rat Prof. Dr., Wien XIX, Weimarerer Str. 83.
Meyer, Heinrich, Dr., Barby a. Elbe, Bahnhofstraße.
Meyer, Herm., Dr. phil., Leipzig, Plagwitzer Str. 44.
Meyer, Hermann, Dr. med., Dresden-A., Bernhardstr. 19.
Meyer, J. A., Apotheker, Pegau i. Sa., Löwenapotheke.
Meyer, Kurt, Hofzahnarzt Dr., Dresden-A. 24, Reichsstr. 21.
Meyer, Kurt H., Prof. Dr., Ludwigshafen a. Rh., Vorsteher des wissenschaftl. Labor. d. Bad. Anilin- u. Sodafabrik.
Meyer, L. F., Prof. Dr., Berlin W 35, Genthiner Str. 19.
Meyer, M. Fritz, Dr. med., Berlin W 30, Motzstr. 9.

Meyer, Oscar, Prosektor, Dr., Stettin, städt. Krankenhaus, Pestalozzistr. 7.
Meyer, Otto, Dr. Hamburg, Rothenbaumstr. 34.
Meyer, P., Dr. med., Hagen i. Westf., Bahnhofstr. 42.
Meyer, Richard, Geh. Hofrat Prof. Dr. phil., Braunschweig, Bismarckstr. 14.
Meyer, Richard, J., Prof. Dr. phil., Berlin W 15, Meinekestraße 8, I.
Meyer, Robert, Prof. Dr. med., Berlin W 15, Kurfürstendamm 29.
Meyer, Rudolf, Apotheker, Essen, Marienapotheke.
Meyer, Rudolf, Dr. ing., Essen a. Ruhr, Pferdebahnstr. 6.
Meyer, Stefan, Prof. Dr., Wien I, Ring des 12. November Nr. 16.
Meyer, Th., Dr. phil., A.E.G.-F.O.-W.A., Berlin N 4, Invalidenstr. 110.
Meyer, Wilh. Ad., Dr. Ing., Chemiker, Hersfeld/H.-N., Am Weinberg 11.
Meyer-Bisch, Robert, Priv.-Doz., Dr. med., Göttingen, Medizin. Klinik.
Meyerhof, Otto, Prof. Dr., Kiel, Niemannsweg 2.
Meyerstein, Albert, Dr. med., Berlin N 65, Reinickendorfer Straße 61.
Michaelis, Studienrat, Duisburg, Düsseldorfer Str. 124.
Michaelis, E., Dr. Dent. Surg., Charlottenburg 2, Joachimsthaler Str. 7/8.
Michaelis, Hans, Stud.-Dir. Dr. phil., Neustrelitz, Augustastraße 11, I.
Michaelis, Paul, Dr., Fabrikarzt, Bitterfeld, Griesheimstr. 3.
Michaelis, Georg, Prof. Dr. med., Bln.-Steglitz, Albrechtstraße 131.
Micheel, Fritz, Dr., Bln.-Adlershof, Posadowskystr. 1.
Michel, Hermann, Dr., Wien I, Burgring 7, Naturhistor. Museum.
Michel, Max, Dr. med., Pirmasens, Alleestr. 1.
Michels, Franz, Dr., Geologe, Berlin N 4, Invalidenstr. 44.
Michels, R., Dr. med., Düsseldorf, Bismarckstr. 21.
Mie,. Gustav, Dr., Prof. d. Physik, Freiburg i. Br., Jägerhäusleweg 4.
Miekeley, Arthur, Dr., Dresden-A., Wielandstr. 2.

Mießner, H., Prof. Dr., Dir d. Hyg. Inst. d. Tierärztl. Hochschule, Hannover, Kantstr. 4.
Mikulicich, M., Prof. Dr., Zagreb (Agram)/Jugoslawien, Universität.
Miller, v., Oskar, Exz., Reichsrat, Dr. Ing., München, Ferd.-Miller-Platz 3.
Milz, Heinrich, Studienrat, Trier, Ostallee 28.
Mingazzini, Giovanni, Prof. Dr., Rom 8, 151 Corso Umberto.
Minkowski, O., Geh. Med.-Rat Prof. Dr., Breslau, Birkenwäldchen 3.
Minnigerode, W., Dr. med., Berlin W 15, Lietzenburger Straße 45.
Mintz, Patentanwalt, Berlin SW 11, Königgrätzer Str. 52, I.
Mißlowitzer, Ernst, Dr. med., Berlin NW 40, Hindersinstraße 3, I.
Mittasch, Dr A., Ludwigshafen a. Rh., Anilinfabrik.
Mittasch, Gerhard, Dr. med., Oberarzt, Dresden-A., Schumannstr. 4.
Modern, Fred., Dr., Montana State Hospital Warm Springs, Montana, U.S.A.
Möglich, Otto, Dr. med., Düsseldorf, Hohenzollernstr. 34.
Möller, Hans, San.-Rat Dr., Schweidnitz, Margaretenplatz 2.
Möller, Siegfried, Dr., Sanator. Loschwitz b. Dresden.
Mohamed, Richard, Bln.-Charlottenburg, Wielandstr. 12.
Mohr, Hanne, Dr., Darmstadt, Sandstr. 1.
Mohr, Hermann, Dr., Darmstadt, Sandstr. 1.
Mohr, Hans, Prof. Dr., Graz, Techn. Hochschule, Ruckerlberggürtel 18.
Mohrmann, H., Prof. Dr., Basel/Schweiz, Kanonengasse 13.
Molisch, Hans, Prof. Dr., Wien VIII/1, Zeltgasse 2, Pflanzenphysiol. Institut.
Molitoris, Hans, Univ.-Prof. Dr. med., Erlangen, Luitpoldstraße 17.
Monheim, Jos., Dr., Chemiker, Schwanheim i. M., Waldalleestraße 5.
Morawitz, Paul, Prof. Dr., Würzburg, Luitpoldkrankenhs.
Morgen, August, Prof. Dr., Hohenheim b. Stuttgart.
Morgenstern, Ernst, M. U., Dr., Prag, Wenzelplatz 63.
Morian, Rich., Geh. San.-Rat Dr. med., Essen, Henriettenstraße 2.

Moritz, Fritz, Geh. Med.-Rat Prof. Dr., Lindenthal, Fürst-Pückler-Str. 4.
Mosch, Erich, Oberstud.-Rat Prof. Dr., Berlin W 30, Eisenacher Str. 96.
Mosebach, Oskar, Kreisarzt, Dr. med., Prüm/Eifel, Rheinpr.
Moser, Ernst, Dr. med., Zittau i. Sa., Reichstr. 2d.
Moses, Otto, Dr., Mülheim a. d. Ruhr, Bahnstr. 19.
Mosich, Wilh., Zahnarzt, Stolp i. Pomm., Am Bahntor 2.
Moser, R., Dr. med., Essen-West, Haedenkampstr. 3.
Moß, Dr., i. Fa. Maschinenfabrik u. Mühlenbauanstalt Hugo Greffenius, Frankfurt a. M., MainzerLandstr. 331.
Mosse, Max, Prof. Dr. med., Berlin W 15, Joachimsthaler Str. 17.
Most, August, Prof. Dr., Breslau XVII, Tiergartenstr. 86.
Mouths, F., Dr., Hamburg, Schlüterstr. 3.
Muck, Otto, Dr. med., Essen, Bertholdstr. 18.
Mühlmann, E., Dr., Stettin, Pölitzer Str. 16.
Mühsam, Eduard, Dr. med., Berlin W 15, Joachimsthaler Straße 17.
Mühsam, Hans, Dr., Berlin W 30, Maassenstr. 11.
Mühsam, R., Prof. Dr. med., Dir. d. chirurg. Abt. d. Rud.-Virchow-Krankenhauses, Berlin N 65, Föhrer Straße.
Mülberger, H., Frl., Assistentin, Gießen, Liebigstr. 33.
Mülfahrt, Dr. med., Düsseldorf, Grafenberger Allee 41.
Müller, Schlachthofdir., Höxter a. Weser.
Müller, Anna, Dr. med., Mainz, städt. Krankenhaus.
Müller, Arthur, Stud.-Rat Dr., Dresden-N., Stolpener Straße 3, I.
Müller, Arthur, San.-Rat Dr., München, Ottostr. 8, II.
Müller, Carl, Dr., Chemiker, Mannheim, Medicusstr. 6.
Müller, Carl, Schulrat, Teplitz-Schönau/Tschech.-Slow.
Müller, Erich, Prof. Dr., Berlin W 62, Landgrafenstr. 3.
Müller, Eugen, Oberrealschuldir., Dr. phil., Bruchsal, Unteröwisheimer Str. 15.
Müller, Frieda E., Dr., Hannover, Königstr. 7.
Müller, v., Friedr., Geh. Rat, Prof. Dr. med., München, Bavariaring 47.
Müller, Heinrich, Priv.-Doz., Dr. med., Mainz, städt. Krankenhaus.
Müller, Helmut, Dr., Königsberg i. Pr., Copernikusstr. 2.

Müller, Hermann, Dir., Dr. phil., Uerdingen a. Niederrh.
Müller, Hugo, Duisburg, Siegstr. 27.
Müller, Johannes, Prof. Dr. med., Erlangen, Bruckerstr. 11.
Müller, Johannes, Prof. Dr., Dir. d. städt. Krankenhs., Nürnberg, Flurstr. 15.
Müller, Otto, Dr. med., Dresden, Reichsstr. 4.
Müller, Otto, Dr. med., Aue i. Erzgeb., Wettiner Str. 24.
Müller, Paul, Dr., Nürnberg, Luitpoldstr. 9, I.
Müller, Reiner, Prof. Dr., Köln-Lindenthal, Weyertal 123.
Müller, Reinh., Dr. med., Harthau, Bez. Chemnitz.
Müller, Rudolf, Prof. Dr., Konstanz a. Bodensee, Glärnischstraße 1.
Müller, W. J., Prof. Dr. phil., Leverkusen, Karl-Rumpf-Straße 29.
Müller, Wendelin, Dr., Indjija/Slawonien, S. H. S.
Müller, Wilh., Dr., Hannover-Linden, Deisterstr. 10, II.
Müller, Wilh., Geh. Med.-Rat Prof. Dr. med., Rostock i. M., Lindenbergstr. 3.
Müller-Clemm, Hellmuth, Dr., Mannheim, Böcklinstraße.
Müller-Uri, Richard, Glastechniker, Fabrikant, Braunschweig, Schleinitzstr. 19.
Münch, Eduard, Dr., Ludwigshafen, Hauserstr. 6a.
Münchmeyer, Fr., Geh. Hofrat, Dr., Dresden-A. 20.
Münz, Philipp, Dr., Bad Kissingen.
Mürau, Ernst, San.-Rat Dr., Stettin, Königsplatz 19.
Mulert, Gotthold, Dr. med., Meißen i. Sa., Neugasse 47/48.
Mull, Richard, Dr. med., Braunschweig, Wilhelmitorwall 2.
Mumm, Otto, Prof. Dr., Kiel, Klaus-Groth-Platz 2.
Munk, Fritz, Prof. Dr., Ass. a. d. II. med. Klinik, Berlin, Kaiserdamm 35.
Museum für Länderkunde u. Vulkanologie, Leipzig, im Grassi-Museum, Königsplatz 10/11.
Muskat, Gustav, Dr., Oberstabsarzt a. D., Berlin W 15, Kurfürstendamm 56.
Muskat, Ismar, Dr. chir. dent., Köln a. Rh., Hohenstaufenring 45.
Muskat, Lotte, Frau, Berlin W 15, Kurfürstendamm 56.
Mutschler, Rudolf, Dr., Würzburg, Univ.-Klinik für Hautkrankheiten.
Mutschler, S., Dr. med., Isny/Allgäu.

— 93 —

Nachtsheim, Hans, Prof. Dr., Bln.-Dahlem, Schorlemerallee.
Nachtweh, Alwin, Geh. Reg.-Rat, Dr.-Ing., Prof. a. d. Techn. Hochschule, Hannover, Herrenh. Kirchweg 17.
Nacken, Rich., Prof. Dr. phil., Frankfurt a. M., Mineral. Inst. d. Univ.
Nadel, Bernhard, Dr. med., Danzig, Langemarkt 16.
Nadoleczny, Max, Dr. med., München, Akademiestr. 19.
Nägel, Adolph, Prof. Dr.-Ing., Dresden-A. 24, Zellesche Straße 29.
Nägeli, O., Prof. Dr., Dir. d. Mediz. Klinik d. Univ., Zürich, Schmelzbergstr. 40.
Nagel, G., Dr., Hamburg 30, Lehmweg 6.
Nagel, Rudolf, Studienrat, Leipzig, Hardenbergstr. 17, II.
Nagelschmidt, Franz, Dr. med., Bln.-Charlottenburg, Leibnizstr. 105.
Naher, Julius, Dr., Coblenz, Schenkendorfer Str. 5.
Nahmmacher, Felix, Dr. med., Dresden-A., Zellesche Straße 35.
Natterer, Wilh., Fabrikant, München, Bothmerstr. 14.
Naturaliensammlung, Württ., siehe Schmidt, Martin, Dir., Stuttgart.
Naturhistorische Gesellschaft, Nürnberg, siehe Prof. Dr. F. Küspert.
Naturwissenschaftl. Verein e. V., siehe Prof. Ad. Pahde, Crefeld.
Natzler, Adolf, Dr., Mülheim a. d. Ruhr, Werdenerweg 3.
Naumann, Johs., San.-Rat Dr. med., Weimar, Kaiserin-Augusta-Str. 32.
Naundorf, Dr. med., Magdeburg-Sudenburg, Mediz. Klinik.
Nauwerck, C., Geh. San.-Rat Prof., Chemnitz, Weststr. 49.
Neander, Rudolf F., San.-Rat Dr., Zwickau i. Sa., Schulgrabenweg 3.
Nebesky, Oskar, Primararzt Prof. Dr., Salzburg.
Nehrkorn, Hans, Dr. med., Rötha i. Sa.
Neißer, San.-Rat Dr., Bunzlau i. Schl., Provinzial-Heil- u. Pflegeanstalt.
Neißer, Ernst, Prof. Dr. med., Stettin, Arndtstr. 30.
Neißer, Max, Geh. Med.-Rat Prof. Dr. med., Frankfurt a. M., Oberlindau 53.

Nernst, Walther, Geh. Rat, Prof. Dr., Berlin NW 7, Neue Wilhelmstr. 16.
Netter, Hans, Univ.-Ass., Dr. med. dent., Breslau, Grüneiche 3, Neubau.
Neu, Josef, Dr. med., Stuttgart, Johannesstr. 26, I.
Neu, Maximilian, Prof. Dr. med., Heidelberg, Zähringer Straße 27.
Neubelt, Hannes, Med.-Rat Dr. med., Eisleben.
Neuber, Gustav, Geh. San.-Rat Dr., Kiel, Königsweg 6.
Neuberg, D., Superintendent, Meißen i. Sa., Freiheit 9.
Neuburger, M. C., Ing., Wien VII, Neubaugasse 79.
Neugaß, Julius, Dr. med., Mannheim, Friedrichsplatz 1.
Neuhaus, Karl, Dr., Mülheim a. d. Ruhr, Schloßstr. 27.
Neumann, Alfred, Dr., Wien IX, Berggasse 27.
Neumann, Kurt, Prof. Dr., Berlin NW 6, Luisenstr. 56.
Neumann, Leopold, Dr., Bln.-Schöneberg, Grunewaldstraße 53.
Neumann, Louis, San.-Rat Dr. med., Breslau, Königsplatz 7.
Neumann, M. P., Prof. Dr., Dir. d. Versuchsanst. f. Getreideverarbeitung, Berlin N 65, Seestr. 11.
Neumayer, Hans, Prof. Dr. med., München, Herzog-Wilhelm-Str. 28, I.
Neumeyer, Ludwig, Tierarzt, Bad Gastein/Österreich.
Neureuter, Franz, Prof. Dr., Heiligenstadt/Eichsfeld.
Neuschmidt, Carl, Dr. med., Dortmund, Südwall 8.
Niederhoff, Paul, Dr., wiss. Ass., Berlin N 4, Hessische Straße 3/4.
Niedermajer, Fritz, Dr. med., Obernzell i. Niederbayern.
Nippe, Prof., Königsberg i. Pr., Brahmsstr. 19.
Nobbe, von, Heinrich, Hauptmann d. L., Niedertopfstedt b. Greußen i. Thüringen.
Nocht, Bernhard, Ober-Med.-Rat Prof. Dr., Hamburg 4, Bernhardstr. 4.
Noebel, H., Reg.-Med.-Rat Dr., Untergöltzsch b. Rodewisch i. Vogtl.
Nöllenburg, Wilh., Dr., Mülheim a. d. Ruhr, Sandstr. 14.
Nössel, Karl, San.-Rat Dr., Aachen-Burtscheid, Zollernstraße 27.
Nolda, F. O., D. E. D. P. im Ausl. approb. Zahnarzt, Bergedorf b. Hamburg, Reinbecker Weg 46.

Noll, Ferdinand, Geh. San.-Rat Dr., Hanau a. M., Frankfurter Str. 39.
Noll, Ludwig, Dr. med., Kassel, Wilhelmstr. 2½.
Nonne, Max, Oberarzt, Prof. Dr., Hamburg 36, Neuer Jungfernstieg 23.
Noorden, von, Carl, Geh. Med.-Rat Prof. Dr., Frankfurt a. M., Hans-Sachs-Str. 3.
Nordmann, O., Prof. Dr., Bln.-Friedenau, Hauptstr. 83.
Nordmeyer, P., Dr., Fabrikant, Bielefeld, Johannisthal 14.
Noßke, Studienrat, Leipzig-Co., Selnecker Str. 24.
Nothaaß, Xaver, Dr., Reg.-Med.-Rat a. d. Landesanstalt Sonnenstein b. Pirna.
Nothmann, M., Dr., Breslau, Hobrechtsufer 4.
Nourney, Adolf, Geh. San.-Rat Dr., Mettmann.
Nowinski, Viktor, Lodz/Polen, Piotrkowska 175.
Nußbaum, Robert, Dr. med., Leipzig, Nürnberger Str. 55.
Nußhag, Dr., Techn. Leiter i. Fa. Perleberger Impfstoffwerk G. m. b. H., Perleberg.
Nutt, Dr., Brakel, Kr. Höxter a. d. Weser.

Obermeyer, Hugo, Chemiker, Hanau a. M., Stadtschloß.
Ochsenius, Kurt, Dr., Chemnitz, Weststr. 46, II.
Oeller, Hans, Prof. Dr., Leipzig, Liebigstr. 20.
Oelsner, Ludw., Dr. med., Gotha, Arnoldiplatz 1.
Oelze, F. W., Dr. med. et. phil., Prof. a. d. Univ. Leipzig, Windmühlenweg 7.
Oesterlen, Theodor, Dr. med., Meiningen, Markt 5, I.
Oestermann, H., Chemiker, Hersfeld, H. N.
Oestreich, Karl, Prof. Dr., Utrecht, Catharynesingel 61.
Oetken, Ernst, Dr. med., Barmstedt i. Holst.
Ohmann, Otto, Prof., Oberlehrer a. Dorotheen-Realgymnasium, Bln.-Pankow, Kavalierstr. 15.
Ohnesorge, Hans, Dr., Prenzlau U.-M., Brüssower Str. 1.
Ohnesorge-Voß, Lena, Frau, Dr., Prenzlau U.-M., Brüssower Str. 1.
Oldenberg, O., Dr., Göttingen, Bunsenstr. 9, Physikal. Institut.
Oldenberg, Otto, Inst. of. Tech., Pasadena/Kalif.
Ollendorff, Kurt, Dr. med., Bln.-Schöneberg, Hauptstraße 148.
Olpp, Prof. Dr. med., Tübingen, Nauklenstr. 47.

Opfermann, Joh., Dir., Köln a. Rh., Mainzer Str. 21.
Opitz, Erich, Geh. Rat, Prof. Dr. med., Freiburg i. Br., Goetheplatz 2.
Oppenheim, Moritz, Prof. Dr. med., Wien IX, Frankgasse 10.
Oppenheim, Franz, Geh. Rat, Dr., Berlin SO 36, Jordanstraße 1.
Oppenheim, Paul, Dr., Frankfurt a. M., Guiolettestr. 46.
Oppenheimer, Carl, Prof. Dr. phil. et. med., München O. 8, Possartstr. 9.
Oppenheimer, Ernst, Dr., München, Äußere Prinz-Regenten-Str. 69.
Oppenheimer, Klara, Frl., Dr. med., Würzburg, Friedensstraße 26, I.
Oppenheimer, Willi, Dr. med., Frankfurt a. M., Univ.-Frauenklinik.
Oppermann, Franz, Dr. med., Leipzig, Albertstr. 23.
Oppermann, J., Dr., Fabrikdir. i. Fa. Kalle & Co., Biebrich a. Rh.
Oppermann, Theodor, Dr., Prof. a. d. Tierärztl. Hochschule, Hannover.
Orgler, Arnold, Priv.-Doz., Dr. med., Charlottenburg, Leibnizstr. 60.
Orth, Johannes, Geh. Med.-Rat Prof. Dr., Bln.-Grunewald, Humboldtstr. 16.
Orth, Oscar, Dr. med., Homburg/Rheinpf., Landeskrankenhaus.
Orthner, R., Dr. med., Linz/Österr., Schützenstr. 28.
Oseen, C. W., Prof. Dr., Upsala/Schweden, Agalan 35B.
Osram G. m. b. H., Kommanditges., Berlin NW 87, siehe Dr. Richard Jacoby.
Ossig, Gust., San.-Rat Dr. med., Strehlen i. Schles., Bahnhofstr. 9.
Ost, Hermann, Geh. Reg.-Rat, Prof. Dr., Hannover, Herrenhäuser Kirchweg 19.
Osterburg, Kreistierarzt, Berleburg i. Westf.
Ostrowski, Alexander, Priv.-Doz., Dr., Göttingen, Wilhelm-Weber-Str. 40.
Ott, Adolf, Geh. Rat, Prof. Dr., Prag II, Hybernergasse 36.
Ott, Erwin, Prof. Dr., Münster i. W., Am Hörster Friedhof 2.

— 97 —

Ottensooser, F., Dr., München, Seitzstr. 1, II.
Otto, von, E., Privatgelehrter, Bensheim i. Hess.
Otto, Paul, Stud.-Rat, Dr., Plauen i. V. Konradstr. 5, I.
Otto, Walther, Stud.-Rat, Wurzen i. Sa., Wenceslowstraße 13, II.

Paal, Carl, Geh. Hofrat, Prof. Dr., Leipzig, Brüderstr. 34.
Pabisch, H., Prof. Dr., Wien VI, Grasgasse 5.
Pabst, Sizzo, Prof. Dr., Oberarzt a. städt. Krankenhaus, Arnstadt i. Thür., Holzmarkt 10.
Pachmayer, Otto, Dr., Bad Reichenhall-Bad Kirchberg.
Päßler, Hans, Ober-Med.-Rat Prof. Dr. med., Dresden-A. 1, Beuststr. 9.
Paffrath, Franz, San.-Rat Dr. med., Düsseldorf 18, Schützenstr. 4.
Pahde, Ad., Prof. Dr., Vors. d. Naturwiss. Vereins, Dir. d. Realgymnasiums, Crefeld-B., Crefelder Str. 29.
Palmié, Geheimrat, Charlottenburg, Kaiserdamm 105.
Pancritius, Eduard, Dr. med., Dir. d. Landkrankenhauses, Schmalkalden.
Paneth, Else, Frau, Dr., Berlin W 50, Kulmbacher Str. 8.
Paneth, Fritz, Prof. Dr., Berlin W 50, Kulmbacher Str. 8.
Pankok, Adolf, jun., Dr., Mülheim-Saarn, Düsseldorfer Straße 133.
Pankok, Eduard, sen., San.-Rat Dr., Mülheim-Saarn, Klostertr. 37.
Pankow, Otto, Prof. Dr., Düsseldorf, Königsallee 19.
Panzer, Wolfgang, Dr., Ass. a. geograph. Inst. d. Univ., Gießen.
Pape, Dr. med., Düsseldorf, Pionierstr. 48.
Pape, A. Carl, Dr., Assistenzarzt a. d. Univ.-Frauenklinik, Ebingen, Kirchgrabenstr. 4, I.
Pape, Otto, Dr. med. dent h. c., Hofzahnarzt, Nordhausen.
Papendieck, Arno, Chemiker, Hamburg 23, Marientaler Straße 45, I.
Papenfus, Stud.-Rat, Dr., Beuthen i. O.-S., Gutenbergstraße 10.
Papperitz, Erwin, Geh. Bergrat, Prof. Dr., Freiberg i. Sa., Leipziger Str. 8.
Passow, K. A., Geh. Med.-Rat Prof. Dr., Berlin W 10, Regentenstr. 14.

Pattenhausen, Bernh., Geh. Hofrat, Prof. Dr., Dresden, Reichenbachstr. 53, II.
Patzsch, Herbert, Pharmazeut., Danzig, Thornscher Weg 11, Schwanapotheke.
Patursky, Max, Dr. med., Kcwno/Litauen, Keistucio g-we 61a b. Kaplan.
Paul, Seraphim, Dr., Wanne i. W., Kaiser-Wilhelm-Str. 13.
Paul, Theodor, Geh. Reg.-Rat, Univ.-Prof. Dr. phil. et. med., München, Karlstr. 29.
Paulat, Veterinärrat, Bartenstein i. Ostpr.
Paulcke, W., Dr., Dir. d. Geol. Mineral. Inst. d. Techn. Hochschule, Karlsruhe i. B.
Pauli, Phil., Prof. Dr. med., Lübeck, Breite Str. 97.
Paulsen, Johs., Dr. med., Hannover, Königstr. 17.
Pawlikowski, Rud., Dipl.-Ing. i. Fa. Kosmos G. m. b. H., Görlitz, Cottbusser Str. 4071.
Pax, Ferd., Geh. Rat Prof. Dr., Breslau 9, Göppertstr. 2, Bot. Garten.
Payr, Erwin, Geh. Med.-Rat Prof. Dr., Leipzig, Mozartstraße 7.
Pearson, E. F., Fabrikbes., Hamburg 19, Eimsbütteler Chaussee 69.
Peerenboom, Dr., Marine-Gen.-Arzt, Bonn, Weberstr. 55.
Peiser, Elisabeth, Fr., Dr., Ass. a. Physiolog. Inst. d. Univ., Berlin, Hessische Str 3/4.
Peiser, Julius, Dr. med., Berlin W 50, Spichernstr. 15.
Peiser, Fr., Dr. med., Wiesdorf b. Köln a. Rh., Hebbelstraße 7.
Pels-Leusden, Friedrich, Geh. Med.-Rat Prof. Dr. med., Greifswald, Moltkestr. 8-10.
Peltzer, Eduard, Dr. med., Bremen, Breiten Weg 54.
Pelzer, Jos., Dr., München, Wagmüllerstr. 16.
Penck, Albrecht, Geh. Reg.-Rat, Prof. Dr., Berlin NW 7, Georgenstr. 34.
Penzoldt, Franz, Geh. Hofrat, Prof. Dr., Erlangen, Sieglitzhofer Str. 44.
Peppmüller, Friedrich, Dr. med., Zittau, Neuestr. 12.
Perendorfer, Franz, Ing., Chem., Bad Hall/O.-Österreich.
Peretti, E., Dr. med., Neuß a. Rh., Königstr. 50, Landratsamt.
Peretti, Hans, Dr., Mülheim-Styrum, Marienstr. 14.

Peretti, Josef, Geh.-San.-Rat Prof. Dr., Düsseldorf-Grafenberg.
Perger, Arthur, Dr., Wien I, Maximilianstr. 7.
Perleberger Impfstoffwerk G. m. b. H., Perleberg, siehe Dr. Nußhage, Perleberg.
Perles, Moritz, Buchhandlung, Wien I, Seilergasse 4.
Perlewitz, Paul, Reg.-Rat, Dr., Hamburg, Bebelallee 142.
Pernhorst, Franz, Dr. med., Solingen, Hochstr. 49a.
Perron, Oskar, Dr., Prof. d. Mathematik, Heidelberg, Erwin-Rohde-Str. 10.
Perthes, Georg Klemens, Prof. Dr. med., Tübingen, Chir. Univ.-Klinik.
Perzina, J., Dr. med., Aachen, Boxgraben 76.
Pescheck, Ernst, Dr., Dir. d. Landwirtschaftl. Versuchsstation, Hildesheim, Steingrube 4.
Peter, B., Prof. Dr., Landestierarzt, Hamburg 36, Woldsernweg 1.
Peter, Dr., Bad Salzuflen/Lippe.
Peter, Karl, Dr. med., Engeln, Bez. Magdeburg.
Petermann, Joh., Dr., Berlin, Hedwigs-Krankenhaus, Große Hamburger Str. 5-11.
Peters, Alb., Geh. Med.-Rat Prof. Dr., Dir. d. Univ.-Augenklinik, Rostock i. Mecklbg., Karlstr. 7.
Peters, Friedr., Dr., Löwenberg i. Schl., Kreisarzt.
Peters, Josef, M., Prof. Dr., Köln-Nippes, Niehler Kirchweg 147.
Peters, Kurt, Dr., Oranienburg b. Berlin, Lehnitzstr. 19.
Petruschky, J., Prof. Dr., Dir. d. Hygien. Untersuchungsanstalt, Danzig-Langfuhr, Baumbach-Allee 5.
Petzoldt, Prof. Dr., Spandau, Wröhmännerstr. 6.
Peyer, Willy, Dr., Halle a. S., Kefersteinstr. 2.
Pfaff, Wilh., Hofrat, Prof. Dr., Leipzig, Ferd.-Rhode-Straße 16.
Pfeifer, Dr. phil. et med., Leipzig, Großgörschenstr. 3.
Pfeifer, Joh., Dr. med., Leipzig-Vo., Kirchstr. 29.
Pfeiffer, Dr. phil., Bremen I, Wilhelmstr. 7.
Pfeiffer, Arthur, Fabrikant, Wetzlar, Brühlsbachstraße 17-22.
Pfeiffer, Herm., Prof. Dr., Graz, Universitätsplatz 4.
Pfeiffer, Hubert, Dr. phil., Dortmund, Märkische Str. 92.

Pfeiffer, Paul, Prof. Dr. phil., Bonn a. Rh., Chem. Inst. d. Universität, Meckenheimer Allee 98.
Pfeiffer, Wilh., Kommerzienrat, Düsseldorf, Hofgartenstraße 12a.
Pfeil, Everhard, Dr. med., Merseburg, Ammoniakwerk.
Pfeilsticker, Otto, San.-Rat Dr., Schwäb. Hall, Marktstr. 9.
Pfennigsdorf, Dr. med., Böhlitz-Ehrenberg, Bielastr. 1.
Pfleger, Joh., Dr., Frankfurt a. M., Weißfrauenstr. 7-9.
Pfleiderer, Georg, Dr., Ludwigshafen a. Rh., Kekuléplatz 8.
Pflüger, Alex., Prof. Dr. phil., Bonn, Joachimstr. 5.
Pflughöft, L., Dr. med., Göttingen, Theaterstr. 23.
Philipp, Kurt, Dr., Bln.-Steglitz, Beymestr. 11, I.
Philippi, Ernst, Univ.-Prof. Dr., Graz, Mandellstr. 9.
Philippson, Alfred, Prof. Dr., Bonn, Königstr. 1.
Philipsborn, von, E., Dr., Berlin NO., Krankenhaus Friedrichshain.
Phleps, Eduard, Dr., Graz, Glacisstr. 59.
Pick, Alois, Med.-Prof. Dr., Wien I, Rudolfsplatz 12.
Pick, Ernst, Prof. Dr. med., Wien IV, Albertgasse 34.
Pick, Friedel, Prof. Dr., Prag II, Wenzelplatz 12, Deutsche Universität.
Pick, Walter, Priv.-Doz., Dr., Teplitz-Schönau, Bahnhofstraße 27.
Pickenbrock, Emilie, Apotheker, Herford, Adler-Apotheke.
Pickenbrock, Reinhold, Apotheker, Herford, Adler-Apotheke.
Pielsticker, Felix, Dr. med., Essen, Akazienallee 27.
Pieper, G. B., Seminarlehrer, Hamburg 37, Isestr. 30.
Pier, M., Dr., Heidelberg, Grainbergweg 4.
Pietrkowski, G., Dr., Freiburg i. Br., Maximilianstr. 18.
Pietsch, Albert, Lehrer, Wensickendorf b. Berlin.
Pigger, Hugo, Dr., Johanniter-Heilanstalt, Sorge b. Benneckenstein i. Harz.
Pilling, E. A., San.-Rat Dr., Leipzig, Krankenhaus St. Jacob.
Pincussen, Ludwig, Dr. med. et phil., Bln.-Wilmersdorf, Uhlandstr. 110/111.
Pinkus, Felix, Prof. Dr. med., Berlin W 35, Lützowstraße 64/65.

Pinnow, Johannes, Dr. phil., Chemiker, Bremen, Rheinstraße 28.
Pintus, Walter, Dr. med., Ludwigsburg, Mathildenstr. 6.
Piorkowski, Dr., Bakteriologe, Berlin NW 6, Luisenstr. 45.
Pirani, von, Marcello, Dr., Prof. a. d. Techn. Hochschule Charlottenburg, Bln.-Wilmersdorf, Hohenzollerndamm 198.
Pirquet, von, Clemens, Freiherr, Prof. Dr. med., Wien VIII, Alserstr. 21.
Pistor, G., Fabrikdir., Dr., Griesheim a. M., Ignaz-Stroof-Straße 104.
Pittius, Alexander, Dr. med., Quedlinburg, Schiffbleek 3.
Placke, Richard, Studienassessor, Delitzsch, Bismarckstraße 15.
Placzek, Siegfr., Dr., Berlin W 12, Pfalzburger Str. 74.
Plahl, Friedrich, Stadtarzt, Dr., Kitzbühel/Tirol.
Planck, Max, Geh. Reg.-Rat, Prof. Dr., Bln.-Grunewald, Wangenheimstr. 21.
Planner-Wildinghof, Karl, Dr., Graz, Normalschulgasse 1.
Plate, Ludwig, Prof. Dr., Jena i. Thür., Beethovenstr. 1a.
Platner, Gustav, Dr. med., Witzenhausen i. Hess.-Nassau.
Plattner, Friedrich, Dr. med., Innsbruck, Physiolog. Inst.
Plaut, Alfred, Dipl.-Ing., Duisburg, Josephplatz 2.
Plaut, Maximilian, Dr. med., Leipzig-N., Eisenbahnstr. 71.
Plaut, Otto, Dr. med., Leipzig, Eisenbahnstr. 12.
Ploeger, Heinrich, Dr. med., München, Tal 8.
Plohn, Robert, Mag. pharmac., Bln.-Halensee, Joh.-Georg-Straße 22.
Plücker, Albert, San.-Rat Prof. Dr., Chefarzt d. städt. Krankenhauses, Wolfenbüttel, Harztorwall 12a.
Pöhling, J., Apoth.-Bes., Ickern i. W., Kr. Dortmund, Viktoria-Apotheke, Dorfstr. 104.
Pöllnitz, von, Karl, Dr., Gutsbes., Oberlödla b. Rositz i. S.-Altenburg/Thür.
Pöppelmann, Walter, San.-Rat Dr. med., Coesfeld i. W., Münsterstr. 23.
Pörsch, Dr., Rechtsanwalt, Leipzig, Leibnizstr. 5, II.
Pöschl, Prof. Dr., Mannheim, Rheinvillenstr. 16.
Pötting, B., Dr., Oberstabsveterinär a. D., Braunschweig, Am Fallersleber Tor 11.
Pogany, Oedön, Dr., Budapest V, Kalman-Utca 20.

Pohl, Ernst, Dr.-Ing., Kiel, Hospitalstr. 27.
Pohl, Robert, Prof. Dr. phil., Dir. d. Abt. f. Experimentalphysik, Göttingen, Physikal. Institut, Bunsenstr. 9, III.
Pohlmann, Paul, Dr., Oberarzt a. d. Prov.-Irrenanstalt, Aplerbeck i. W.
Pohlmeier, Dr. med., Düsseldorf, Duisburger Str. 136.
Pokorny, Adolf, Dr., Ass. a. d. Klinik v. Prof. Kreibech, Prag II, 499.
Pokorny, Ernst, Dr.-Ing., Halle a. S., Große Steinstr. 56.
Pokorny, Lilly, M. U. Dr., Prag V, Niklasstr. 18, II.
Polano, Oscar, Prof. Dr. med., München, Habsburger Straße 7.
Polis, Prof. Dr., Aachen, Monheimsallee 62.
Pollack, Kurt, Dr. med., Breslau 13, Kaiser-Wilhelm-Straße 63.
Pollak, Eugen, Med. Univ., Dr., Graz I, Opernring 2.
Pollak, Jakob, Univ.-Prof. Dr., Wien IX., Währinger Straße 42.
Pommer, Gustav, Hofrat, Prof. Dr. med., Innsbruck, Speckbacher Str. 29.
Ponndorf, Wilhelm, San.-Rat Dr., Weimar, Hummelstr. 2.
Popoff, Methodi, Prof. Dr., Berlin W 62, Kurfürstendamm 257, Bulg. Gesandschaft.
Popp, Georg, Prof. Dr. phil., Gerichtschemiker, Frankfurt a. M., Niedenau 40.
Poppe, Prof. Dr., Rostock, Blücherplatz (Palais).
Popper, Erwin, Dr., M. U., Prag I, Karpfengasse 13.
Poppert, P., Prof. Dr. med., Gießen, Wilhelmstr.
Posner, Carl, Geh. Med.-Rat Prof. Dr., Berlin W 62, Keithstr. 21.
Potratz, Hans, Dir., Fa. Chem. Werke „Nibrag", Werk Werchow N.-L.
Pott, Med. Ass. Dr. med., Altena i. W., Lindenstr. 26.
Potzger, Karl, Stud.-Rat, Dr., Leipzig, Moltkestr. 52.
Prätorius, Ernst, Dr. med., Partenkirchen, Haus Partnach.
Prager-Heinrich, Hedwig, Dr., Charlottenburg, Pestalozzistraße 50.
Pramer, Max, Dr. med., Linz, Landstr. 30, II.
Prange, Georg, Prof. Dr., Hannover, Engelbosteler Damm 58.

Prasse, Oskar, Leipzig, Davidstr. 16.
Prausnitz, Wilh., Prof. Dr. med., Graz, Zinsendorfgasse 9.
Precht, Jul., Dr. phil., Prof. a. d. Techn. Hochschule, Hannover, Welfengarten 1.
Preiß, Eduard, Dr. med., Bad Kudowa i. Schl., Villa Rosenhein.
Pretori, Hugo, Dr., Reichenberg/Tschech.-Slow., Schützengasse.
Pretori, Rudolf, Ing. i. Fa. Leopold Cassella & Co., Frankfurt a. M., Uhlandstr. 49, II.
Preußische Geologische Landesanstalt, Berlin N 4, Invalidenstr. 44.
Pribram, Alfred, Prof. Dr., Prag, Graben 33.
Pribram, Egon, Dr., Gießen, Univ.-Frauenklinik.
Prieß, Oberstabsveterinär a. D., Paderborn, Fürstenbergstraße.
Pringsheim, Alfr., Geh. Hofrat, Prof. Dr., München, Arcisstr. 12.
Prochnow, Oskar, Dr., Bln.-Lichterfelde, Goethestr. 22.
Prodinger, Max, Prof. Dr., Mödling N. Oe., Turnerg. 19.
Pröls, Wilhelm, Dr., Biebrich a. Rh., Rheingaustr. 20.
Proppe, Karl, Apotheker, Paderborn, Detmolder Str. 1.
Prym, Paul, Priv.-Doz., Dr. med., Bonn a. Rh., Meckenheimer Alle 75.
Pschorr, R., Univ.-Prof. Dr. phil., Lab.-Vorst., Bln.-Grunewald, Wangenheimstr. 26.
Pschorr, Wilhelm, Dr., Traunstein i. Ob.-Bay.
Pütter, August, Prof. Dr. phil., Kiel, Physiolog. Institut.
Puhley, Erwin, Dr., Wien I, Reichsratsgasse 17.
Pulvermacher, Leopold, Dr. med., Berlin SW 61, Belle-Alliance-Platz 6.
Pummerer, Rudolf, Prof. Dr., Erlangen, Chem. Inst. d. Universität.
Purkert, Karl, Dr. med., Med. Univ.-Facharzt f. Chirurgie, Graz, Joanneumring 8, I.
Purkert, Richard, stud. geol., Graz, Joanneumring 8.
Putscher, Henry, Dr., Bremen, Bürgermeister-Schmidt-Straße 7.
Putter, Erich, Dr., Bln.-Friedenau, Niedstr. 31, ptr. links.
Putzar, Charlotte, Frl., Dr., Lauban i. Schl., Poststr. 9.

Quast, Dr., Ass. a. anatom. Inst., Bonn, Nußalle 4.
Quensel, Friedrich, Prof. Dr., Leipzig, Albertstr. 37.
Quervain, de, Fritz, Prof. Dr., Bern, Kirchenfeldstr. 60.
Quincke, Friedr., Prof. Dr. phil., Hannover, Techn.-chem. Inst. d. Techn. Hochschule, Akazienstr. 4.
Quirin, M., Dr., Zwickau i. Sa., Mühlgrabenweg 15.

Raab, Oscar, Dr. med., München, Widemayerstr. 6/0.
Raabe, Dr. med., Goslar.
Rabe, Hermann, Dr. phil., Charlottenburg 4, Giesebrechtstraße 13.
Rabe, Paul, Prof. Dr., Hamburg 20, Loogestieg 11.
Rabel, Gabriele, Dr., Biedenkopf a. d. Lahn.
Rabl, Hans, Prof. Dr., Graz, Universitätsplatz 4.
Rabl, Karl, Dr. med., Ass. a. d. Chirurg. Klinik d. Charité, Berlin NW 6.
Radt, Fritz, Dr., Mannheim, Augusta-Anlage 17.
Raeck, Hans, Dr., Eisleben, Schönerstedtstr. 2.
Raestrup G., Dr. med., Leipzig, Härtelstr. 11.
Räuber, Erwin, Dr., Naumburg a. S., Domplatz 6.
Rahm, Priv.-Doz., Dr., Ass. d. Chirurg. Univ.-Klinik, Breslau 16, Tiergartenstr. 66-68.
Rahm, Gilbert, Oberstud.-Rat, Dr., Maria Laach b. Niedermendig i. Rhld.
Rahnfeldt, Felix, Apothekenbes., Gröba i. Sa.
Raible, Th., Ing., Baiersbronn i. Württ.
Rammstedt, Otto, Dr. phil., Chemnitz, Weststr. 59.
Randerath, Dr. med., Düsseldorf, Luisenstr. 71.
Ranniger, Theodor, Med.-Rat Dr. med., Colditz i. Sa., Am Schlosse 276.
Ranzi, Egon, Prof. Dr., Wien IX/3, Rotenhausgasse 6.
Rasch, Walter, Dr., Frankfurt a. M.-Eschersheim, Lindenring 13.
Raschig, F., Dr., Chemiker, Ludwigshafen a. Rh.
Raßfeld, P., Dr.-Ing., Rodleben b. Roßlau.
Rassow, Berthold, Prof. Dr. phil., Leipzig, Gustav-Adolf-Straße 12.
Rath, Dr. med., Düsseldorf, Roßstr. 15.
Rau, Hans, Prof. Dr., Darmstadt, Phys. Inst. d. Techn. Hochschule, Hochschulstr. 2.

Rau, Richard, Dr. med., Reichenberg/Tschech.-Slow., Clotildenstr. 5.
Rauert, C., Dr. med., Hamburg 26, Hammerlandstr. 18.
Rauh, F., Dr. med., Königsberg i. Pr., Univ.-Augenklinik.
Rauhe, Hermann, Dr. med. et. dent., Düsseldorf 24, Königsallee 8.
Raunert, Margarethe, cand. chem., Leipzig-Großzschocher, Mühlenstr. 10.
Rausch, Günther, Dr., Treffurt a. Werra i. Thür., Bahnhofstraße.
Rausch, Reinhard, Dr. med., Bad Lausigk, Hermannsbad.
Rauscher, G., Dr., Leipzig, Moritzstr. 1, Ecke Weststraße.
Rautenfeld, v., Friedr., Dr., Würzburg, Keesburgstr. 20b.
Rautmann, Hermann, Priv.-Doz. Dr. med. et. phil., Freiburg i. Br., Schwimmbadstr. 2, I.
Raven, Ernst Heinz, Hofopernsänger, Wiesbaden, Kaiser-Friedrich-Ring 44, I.
Rebentisch, Erich, Med.-Rat, Dir., Dr. med., Offenbach a. M,. Stadtkrankenhaus.
Reclam, Ernst, Verlagsbuchhändler, Dr., Leipzig, Karl-Tauchnitz-Str. 35.
Redlich, Walter, Dr., Neisse, Bahnhofstr. 2.
Regendanz, Wilh., Dr. jur., Berlin-Dahlem, Bachstelzenweg 20—30.
Rehlen, W., Archäologe, Nürnberg, Rieterstr. 10.
Rehm, Ernst, Hofrat, Dr., Neufriedenheim, Post München.
Reibisch, Johannes, Prof. Dr., Kiel, Feldstr. 96.
Reich, Richard, Reg.-Chemiker, Dr., Leipzig-R., Josephinenstraße 3.
Reichardt, Martin, Prof. Dr., Würzburg, Hofstr. 9.
Reichel, Heinrich, Prof. Dr., Wien IX, Kinderspitalgasse 15.
Reichel, Paul, Hofrat, Geh. San.-Rat Prof. Dr., Chefarzt d. Stadtkrankenhs. Chemnitz, Weststr. 17.
Reichel, Linns, Dir., i. Fa. Max Kohl A.-G., Chemnitz, Südbahnstr. 14.
Reichert, C., Wien, siehe Oskar Heimstädt.
Reichhelm, Hermann, Dr., Ratibor, Schrammstr. 2.
Reichenbach, Ludwig, Dr., Pirmasens, Zweibrücker Str. 59.
Reichenheim, Otto, Prof. Dr. phil., Berlin-Westend, Ebereschenallee 4—6.
Reichert, Karl, Dr. phil., Wien VIII, Bennogasse 24—26.

Reichle, Dr. med., Stuttgart, Sophienstr. 21A.
Reifferscheid, Karl, Prof. Dr., Dir. d. Univ.-Frauenklinik, Göttingen, Kirchweg 5.
Reihling, Dr., Stuttgart, Arminstr. 6.
Reimann, Veterinärrat, prakt. Tierarzt, Leipzig, Keilstr. 5.
Rein, H., Dr., Ass. a. physiol. Inst. d. Univ., Freiburg i. Br., Albertstr. 26.
Rein, Oscar, Dr. med., Oberarzt d. Landes-Irrenanstalt, Landsberg a. W., Friedeburger Chaussee 5a.
Reinhardt, A., Dr., Prosektor a. Krankenhs. St. Georg, Leipzig, Asterstr. 17, pt.
Reinhardt, Curt, Prof. Dr., Oberstudiendir., Rektor d. Realgymnas., Freiberg i. Sa., Annaberger Str. 7.
Reinhardt, Karl, Priv.-Doz., Dr., Greifswald, Karlplatz 19.
Reinhertz, Julius, San.-Rat Dr. med., Werne b. Langendreer.
Reinhold, Heinrich, Geh. Med.-Rat Prof. Dr., Hannover, Seelhorststr. 34.
Reinsberg, Ch. Herm., Dr. med., New York, 36 West 57 Street.
Reinsch, Dr. med., Görlitz, Berliner Str. 3.
Reinstädtler, Justine, Wirtschaftl. Leiterin, Krankenhs., St. Georg, Leipzig.
Reis, Julian, Dr., Heidelberg, Erwin-Rohde-Str. 11.
Reisert, sen., Walter, Zahnarzt, Erfurt, Gartenstr. 5.
Reisfeld, Adolf, Dr., Lipt. Sot. Mikulas/Tschech.-Slow.
Reisinger, L., Prof. Dr., Wien III, Linke Bahngasse 11.
Reisinger, Michael, Geh. Med.-Rat Dr., Dir. des städt. Krankenhs., Mainz.
Reissner, Prof. Dr., Berlin-Charlottenburg, Ortelsburger Allee 4.
Reiter, Ewald, Dr., Prag II, Salmgasse 1.
Reiter, Hans, Prof. Dr. med., Berlin-Zehlendorf-Mitte, Stubenrauchstr. 21.
Rella, Tonio, Prof. Dr., Graz, Hilgergasse 3.
Renner, Alfred, Priv.-Doz., Dr. med., Breslau 2, Neue Taschenstr. 1b.
Renner, Otto, Dr. ing., Dresden, Eisenstuckstr. 21.
Resch, J., Dr. med., Bad Tölz i. Oberbayern.
Rettig, Julius, Dr., München, Pilotystr. 7/2.
Reuschenbach, Georg, Stud.-Rat, Prüm i. d. Eifel.
Reuß, O., Ziviling. u. vereidigt. Landmesser, Barmen.

Reuter, August, Dr. Homburg v. d. Höhe, Kirdorfer Str. 16.
Reuter, Carl, Geh. Rat, Geh. San.-Rat Dr., Bad Ems, Rönnerstr. 42.
Reuter, F., Dr. med., Coblenz, Löhrstr. 123.
Rexhausen, Ludw., Dr., Hannover-Kirchrode, Elisabethstraße 6.
Rey, J. G., Dr., Aachen, Wilhelmstr. 76.
Reyher, Paul, Prof. Dr. med., Berlin - Schöneberg, Bayerischer Platz 13/14.
Rheinhold, Heinz, Berlin SW 11, Belle-Alliance-Platz 13.
Rheinthaler, Karl, Dr., St. Pölten b. Wien, Krankenhs.
Rhode, Dr. med., Köln-Mülheim, Düsseldorfer Str. 50.
Ribbeck, Georg, Dr. med., Leipzig-Gohlis, Möckernsche Straße 1.
Richardson, Hugh, Wheelbirks, Stockfield-on-Tyne, Northumberland/England.
Richter, Eduard, Dr. med., Hamburg 37, Hochallee 117.
Richter, Hans, Prof. Dr. med. ret., Univers., Dorpat (Tortu)/Estland.
Richter, Hermann, Dir. d. Instituts „Wodania", Leipzig-Gohlis, Cöthener Str. 40.
Richter, Oswald, Univ.-Prof. Dr., Brünn/Tschech.-Slow., Deutsche Techn. Hochschule.
Ricke, Dr. med. dent., Hameln, Osterstr. 49.
Riebesell, P., Dr., Hamburg 21, Averhoffstr. 14.
Riebold, Georg, Dr. med., Dresden-A. 16, Marschnerstraße 5, I.
Riechelmann, Otto, Dr. h. c., Frankfurt a. M., Beethovenstraße 12.
Riecke, Erhard, Prof. Dr. med., Göttingen, Klamkstr. 2.
Riede, Alfred, Priv.-Doz., Dr., Karlsruhe i. B., Stefanienstraße 47.
Riedel, J. D., Aktienges., siehe Dr. Boedecker und Dr. Ludwig Heß.
Riedel, Fritz, Dir., Dr., Bln.-Britz, Riedelstr. 1—32.
Riedel, Gustav, Dr. med., Frankfurt a. M. - Niederrad, Schleusenweg 2.
Riedel, Max, Apotheker, Berlin W 8, Friedrichstr. 173.
Riehl, Gustav, Prof. Dr., Wien I, Dermatolog. Klinik, Hautgasse 3b.

Riese, Heinrich, Geh. San.-Rat Prof. Dr., Groß-Lichterfelde-West.
Riesenfeld, E. H., Prof. Dr. phil., Berlin W 15, Uhlandstraße 157.
Rieß, Eugen, Dr., Ass. a. d. Chirurg. Univ.-Klinik, Berlin N 24, Ziegelstr. 5—9.
Riesser, O., Prof. Dr., Greifswald, Pharmakol. Inst. d. Univ.
Rietschel, Prof. Dr., Würzburg, Ludwigstr. 22.
Rihl, Wilhelm, Dr., Bln.-Grunewald, Im Eichkamp 7.
Rindfleisch, W., Prof. Dr., Dortmund i. W., Südwall 29.
Ringel, Tom, Prof. Dr. med., Hamburg 36, Esplanade 49.
Ringler, Wilh., Stud.-Rat u. Reg.-Baumstr., Königsberg i. Pr., Scharnhorststr. 12.
Rinne, Fritz, Geh. Rat, Prof. Dr., Leipzig, Mineral. Inst., Talstr. 38.
Risch, Josef, Chefarzt d. Marien-Krankenhaus., Kassel, Spohrstr. 9.
Rischbieter, Wilh., Dr. med., Dessau, Heidestr. 2.
Ritter, Zahnarzt, Hildesheim, Hoher Weg 3.
Ritter, Franz, Oberreg.-Rat, Dr., Charlottenburg 2, Fraunhoferstraße 15.
Ritter, Hans, Priv.-Doz., Dr., Hamburg, Hermannstr. 42.
Ritter, Karl, Prof. Dr., Leit. Arzt d. chir. Abt. d. evang. Krankenhs., Düsseldorf, Fürstenwall 69.
Rodenacker, Dr., Chefarzt d. Krankenanstalten d. Anilinfabrik, Wolfen, Kreis Bitterfeld.
Rödelius, E., Priv.-Doz., Dr., Hamburg, Beim Andreasbrunnen 2.
Roeder, Hans, Dir., Dr., Hannover, Eisenstr. 4.
Roediger, K., Dr. med., Landau i. Pfalz, Ostring 38.
Röhm, Otto, Dr., i. Fa. Chem. Fabrik Röhm & Haas, Darmstadt.
Röhricht, Reg.- u. Med.-Rat Dr., Waldenburg i. Schles., Anenstr. 24b.
Roelle, Heinrich, Stud.-Rat Dr., Lübeck, Travelmannstr. 10.
Römer, C., San.-Rat Dr. med., Sanat. Hirsau i. Schwarzw.
Roemer, G. A., Dr., Stuttgart, Kernerstr. 28.
Römer, Oskar, Prof. Dr. med., Leipzig, Nürnberger Str. 57.
Roemer, Museum, Hildesheim, s. Prof. R. Hauthal.
Röpke, Dietr., San.-Rat Dr. med., Phys., Thedinghausen i. Braunschweig.

Röpke, Wilh., Prof. Dr. med., Barmen, Krankenhaus, Sanderstr. 14.
Rörig, W., Dr., Bergakademie Clausthal
Roesebeck, Kurt, San.-Rat Dr. med., Dir. d. städt. Krankenhs. Siloah, Hannover-Linden, Petristr. 15.
Rösler, Reg.-Med.-Rat Dr., Kassel, Kölnische Str. 114.
Roesler, Gottfried, stud. med., Leipzig, Fockestr. 11.
Rössiger, Dr., Clausthal, Bergakademie.
Rössle, R., Prof. Dr., Basel, Pathol.-Anatom. Anstalt.
Roessler, E., Dr., Veterinärrat, Kreistierarzt, Cöthen i. Anhalt, Wallstr. 43/44.
Rössler, Paul, Dr., Dresden-A., Wiener Str. 10.
Rogmann, Johann, Dr., Bendorf b. Coblenz, Johanneskolleg.
Rohn, Wilhelm, Dr. phil. nat., Physiker b. d. Fa. W. C. Heraeus, Hanau a. M., Grimmstr. 17, II.
Rohrbach, Wilhelm, Dr., Bes. u. Leiter v. Kurhaus Dr. Rohrbach, Kassel, Wilhelmshöhe.
Rohrbacher, Zuckerraffinerie A.-G., Wien, s. Viktor Ritter v. Bauer, Wien.
Rolly, Friedr., Prof. Dr. med., Leipzig, Bosestr. 6.
Romberg, v., Ernst, Prof. Dr. med., München, Richard-Wagner-Str. 2.
Rommel, Ernst, Dr., Oldenburg i. Oldbg.
Rosbaud, Paul, Dipl.-Ing., Königsberg i. Pr., Albrechtstraße 3, ptr., b. Frau Prof. Meves.
Roscher, Kurt, Dr., Generaloberarzt a. D., Coblenz, Kasinostr. 57.
Roschig, Georg, Dr., Bezirkstierarzt, Ölsnitz i. Vogtl.
Rose, F., Dr. med., Blumberg i. Baden.
Rose, H., Dr. med., Hamburg 19, Tornquitstr. 48.
Rose, Herm., Prof. Dr., Hamburg 30, Breitenfelder Str. 40.
Rosell, Max, Dr. med., Sanator., Ballenstedt a. Harz.
Rosellen, Heinrich, Kassel, Theaterstr. 2.
Rosemann, Rudolf, Prof. Dr. med., Münster, Raesfeldstraße 26.
Rosen, Frau Dr., Berlin W 35, Kurfürstenstr. 43.
Rosen, Felix, Prof. Dr., Bischofswalde, Schillstr. 8.
Rosen, J., Dr., Berlin W 35, Kurfürstenstr. 43.
Rosenbaum, Bruno, Dir., i. Fa. Dr. Erich F. Huth G. m. b. H., Berlin SW 48, Wilhelmstr. 130—132.

Rosenberg, Egon, Dr., Dir. d. Chem. Fabrik Winckel, Berlin W 50, Passauer Str. 18.
Rosenberg, Hugo, Chemiker, Freiburg i. Br., Hansastr. 3.
Rosenblath, W., Geh. Rat Prof. Dr. med., Dir., Kassel, Landkrankenhaus.
Rosenburg, Gustav, Dr. med., Frankfurt a. M., Chirurg. Univ.-Klinik, Schumannstr. 36.
Rosenfeld, Bernhard, Chemiker, Wien IX, Mariannengasse 1.
Rosenfeld, Leonhard, Oberreg.-Rat, Med.-Rat Dr., Nürnberg, Frommannstr. 23, III.
Rosengart, Paul, Dr. med., Frankfurt a. M., Reuterweg 81.
Rosenheim, A., Prof. Dr. phil., Charlottenburg, Carmerstr. 3.
Rosenmund, Karl W., Prof. Dr., Bln.-Lankwitz, Hauptstraße 18.
Rosenow, Erwin, Dr., Berlin SW, Belle-Alliance-Str. 23.
Rosenstock, Felix, Leipzig-Connewitz, Prinz-Eugen-Str. 12.
Rosenthal, Artur, Prof. d. Univ. Heidelberg, Dr. phil., Heidelberg, Blumenthalstr. 7.
Rosenthal, Bertram, Dr. med., Bad Homburg v. d. Höhe.
Rosenthal, Erich, Dr. med., Hannover, Bödeckerstr. 18.
Rosenthal, Fritz, Dr. med., Hannover, Schiffgraben 55, I.
Rosenthal, Jos., Prof. Dr. phil., Dipl.-Ing., München, Bavariaring 10.
Rosin, Heinrich, Prof. Dr. med., Berlin W 50, Rankestr. 33.
Rossner, F., Dr., Strausberg b. Berlin, Wilhelmstr. 97, I.
Rost, Prof. Dr., Dir. d. Univ.-Hautklinik, Freiburg i Br., Jacobistr. 47.
Rostosky, P., Prof. Dr., Leipzig-Marienbrunn, Turmweg 8.
Rotenberger, Willi, Dr., München, Theresienstr. 7.
Roth, A., Lehrer, Pößneck i. Thür., Schuhgasse 12.
Roth, Otto, Prof. Dr. med., Lübeck, Musterbahn 13.
Roth, Walter, Dr. phil., Cöthen i. A., Dr.-Krause-Str. 29, I.
Rothacker, A., Dr. med., Gera, Hohenzollernallee 7.
Rothe, Rudolf, Dr., Prof. a. d. Techn. Hochschule Berlin-Wilmersdorf, Trautenaustr. 16.
Rother, Franz, Dr., Erlangen, Loewenichstr. 17.
Rother, Paul, Prof. Dr. ing., Chemnitz, Staatl. Gewerbeakademie.
Rothmund, Viktor, Prof. Dr., Prag II, Tylplatz 2.
Rothschuh, Ernst, San.-Rat Dr., Aachen, Kurbrunnenstr. 39.

Rottgardt, Karl, Dr., Dir., i. Fa. Dr. Erich F. Huth G. m. b. H., Berlin SW 48, Wilhelmstr. 130—132.
Rubner, Max, Geh. Ober-Med.-Rat Prof. Dr., Berlin-Lichterfelde-West, Dahlemer Str. 69.
Rubritius, Hans, Doz., Dr., Wien IX, Porzellangasse 43.
Ruckert, Alfred, Dr., Westerburg i. Westerwald.
Rudder, de, Bernhard, Dr., Miesbach i. Oberbayern.
Rudolf, Karl, Priv.-Doz., Dr., Prag II, Dt. Bot.-Inst., Vinicna 3a.
Rudolph, Heinrich, Prof. Dr., Coblenz, Mainzer Str. 4.
Rübel, Eduard, Prof. Dr., Priv.-Doz. a. d. Eidgen. techn. Hochschule, Zürich, Zürichbergstr. 30.
Rüdiger, Adolf, Dr., Hofapotheker, Homburg v. d. H., Louisenstr. 55.
Ruer, Rudolf, Prof. Dr. phil., Aachen, Rolandstr. 12.
Ruff, Otto, Prof. Dr. phil., Breslau XVI, Borsigstr. 23.
Ruffing, Dr., Hergisdorf i. Mansfeld.
Ruhemann, Ernst, Dr., Leipzg, Patholog. Institut.
Ruhstrat, E., Fabrikdir., Göttingen, Lange Geismarstr. 72.
Rülke, Georg, Stud.-Rat Dr., Auerbach i. Sa., Mosenstraße 10, I.
Rumpf, Theodor, Geh. Med.-Rat Prof. Dr., Volkmarsen i. Lippe.
Runge, C., Prof. Dr., Göttingen, Wilhelm-Weber-Str. 21.
Ruppel, Richard, Dr., Gotha, Friedrichstr. 7.
Ruska, Julius, Prof. Dr., Heidelberg, Mönchhofstr. 8.
Russ, Franz, Prof. Dr., Wien VIII, Lange Gasse 72.
Rust, Ernst Aug., Dr., Apothekenbes., Essen, Markt 3, Löwenapotheke.
Rust, Theodor, Dr. med., Leipzig-Go., Liebigstr. 26.
Ruthe, Kurt, Studienreferendar, Goslar, Hockestr. 13.
Rütten, Felix, Kurdir., Bad Neuenahr.
Ruzicka, L., Prof. Dr., Zürich, Winterthurer Str. 40.

Sabalitschka, Theodor, Dr. phil. rer. pol., Apoth. u. Chem., Bln.-Steglitz, Elisenstr. 7, Villa Schäfer.
Sachs, E., Dipl.-Ing., Baden i. Aargau/Schweiz, Mellinger Straße 98a.
Sachs, Hermann, Dr. med., Charlottenburg 4, Sybelstr. 23.
Sadler, Richard, Dir., Ing., Karlsbad/Böhmen, Haus National.

Sächsische Landeswetterwarte, Direktion der, Dresden-N. 6, Große Meissner Str. 15.
Saemann, Vertrauensapoth. d. Allgem. Ortskrankenkasse der Stadt Leipzig, Waldstr. 14, II.
Sänger, Georg, Stud.-Rat, Weißenfels a. S., Gutenbergstr. 4.
Sänger, Raimund, Zürich VI, Frohbergstr. 95.
Saffert, Paul, Dr., Ass. a. Physik. Inst. Tübingen.
Sagel, Dr., Arnsdorf i. S., Landesanstalt.
Sala, Paul, Dr., Greiz i. V., Zeulastr. 3.
Salkowski, Erich, Prof. Dr., Hannover, Militärstr. 18.
Salkowski, H., Geh. Reg.-Rat, Prof. Dr., Münster i. W., Abschnittstr. 15.
Salle, Viktor, Dr., Berlin W 62, Lutherstr. 4.
Salomon, Albert, Priv.-Doz., Dr., Charlottenburg, Wielandstraße 15.
Salomon, Oskar, Dr. med., Coblenz, Schloßstr. 61.
Salomon, Rudolf, Dr. med., Univ.-Frauenklinik, Gießen.
Salomon-Calvi, Wilh., Geh. Hofrat, Prof. Dr., Geolog. Inst., Heidelberg, Alb.-Ueberle-Str. 2.
Salzberger, Max, Dr., Breslau 5, Gartenstr. 30, I.
Salzer, Fritz, Prof. Dr., München, Giselastr. 6.
Salzer, Hans, Primararzt Dr., Wien, Univers.
Salzmann, H., Dr. phil., Berlin NW 87, Levetzowstr. 16b.
Samter, Oskar, Prof. Dr. med., Königsberg i. Pr., Hintertragheim 11.
Sander, Fritz, Dr., Griesheim i. M., Wingertstr. 4.
Santesson, G. C., Prof. Dr., Stockholm, Handtvergartan 34.
Sarbo, von, A., Prof. Dr., Budapest V, Anlich u 7.
Sartorius, Wilh., Fabrikant, Göttingen.
Sarvi, Wilh., Obering., Düsseldorf, Hansahaus, Achenbachstraße 75a.
Sasse, A., Dr. med., Cottbus, Kaiser-Friedrich-Str. 4.
Sauer, Kurt, Dresden-N. 23, Wahnsdorfer Str. 21.
Sauer, Walter, Dr. med., Bln.-Steglitz, Albrechtstr. 73c.
Sauerbruch, Geh. Rat Prof. Dr., München, Theresienhöhe 3.
Schachenmeier, R., Prof. Dr., Bln.-Pankow, Neue Schönholzer Str. 11.
Schade, Alwin, Stud.-Rat Dr. phil., Dresden-A., Nürnberger Str. 18e, Erdg.
Schade, Heinrich, Prof. Dr. med., Kiel, Beselerallee 11.

Schaefer, San.-Rat Dr., Düsseldorf, Münsterstr. 75.
Schäfer, Clemens, Prof. Dr. phil., Marburg, Mainzer Gasse 33.
Schaefer, Friedrich, Dr. med., Breslau V, Neue Schweidnitzer Str. 13.
Schäfer, Hermann, Dr. med., Hamburg, Isestr. 27.
Schaefer, R. J., Dr. med., Darmstadt, Karlstr. 90.
Schaeffer, Oskar, Priv.-Doz., Dr. med., Stuttgart, Körnerstraße 33.
Schaeppi, Th., Dr., Zürich 7, Sprensenbühlstr. 7.
Schaetz, G., Prof. Dr., Halle a. S., Ulestr. 17o.
Schaffer, Karl, Prof. Dr., Budapest IV, Calvinplatz 4.
Schall, Dr., Marburg a. L., Univ.-Augenklinik.
Schall, Carl, Prof. Dr. phil., Leipzig, Salomonstr. 1.
Schamberg, Eduard, Dr., Nürnberg, Bahnhofstr. 31.
Schanz, Alfred, San.-Rat Dr., Dresden-A., Räcknitzstr. 13.
Scharer, Hans, Dr., Strobl a. Wolfgangsee/Oberösterr.
Scharf, Fritz, Dr., Generalsekretär d. Vereins Dt. Chemiker, Leizpig, Nürnberger Str. 48.
Scharff, Max, Dr., Ludwigshafen a. Rh., B. A. S. F.
Scharsich, Dr., Dresden-A., Städt. Krankenhs., Chirurg. Abt., Friedrichstadt.
Schastenbrand, Georg Otto, Utrecht, Pharmakolog. Inst.
Schaufuß, Camillo, Privatgelehrter, Meißen i. Sa., Lückenhübelstraße 33.
Schaumkell, Veterinärrat, Hagen i. Westf., Buscheidstr. 76.
Schaxel, Julius, Dr., Prof. a. d. Univ., Jena.
Scheel, Karl, Geh. Reg.-Rat, Prof. Dr. phil., Bln.-Dahlem, Werderstr. 28.
Scheele, Adolf, Dr. med. dent. h. c., Kassel, Königsplatz 53.
Scheele, Karl, Dr. med., Oberarzt d. Chirurg. Univ.-Klinik, Frankfurt a. M.
Scheer, Kurt, Priv.-Doz. Dr., Frankfurt a. M., Westendstraße 106.
Scheerer, Rich., Priv.-Doz., Dr., Tübingen, Oberarzt der Augenklinik, Heusserstr. 1, p.
Scheffers, Georg, Geh. Reg.-Rat, Prof. Dr. phil., Berlin-Dahlem, Wildenowstr. 40.
Scheffler, Siegfried, prakt. Zahnarzt, Rostock i. M., Schröderplatz 1a.
Scheibe, A., Prof., Erlangen, Schillerstr. 21.

Scheibler, Helmuth, Priv.-Doz., Dr. phil., Bln.-Lichterfelde, Hortensienstr. 14.
Scheibler, Frau Dr., Bln.-Lichterfelde, Hortensienstr. 14.
Scheidt, Walter, Dr., München, Luisenstr. 50.
Scheifele, Bernhard, Dr., Heidelberg, Kronprinzenstr. 16.
Schelble, Hans, Prof. Dr. med., Bremen, Kinderkrankenhs., Horner Straße.
Schellenberg, Roman, Dr. ing., Carlottenburg 9, Kaiserdamm 66.
Scheller, Otto, Bln.-Lichterfelde, Albrechtstr. 12.
Scheller, Robert, Prof. Dr., Breslau, Hygien. Inst. d. Univ.
Scheltena, G., Prof. Dr., Groningen/Holland.
Schemensky, Werner, Dr., lt. Arzt d. inn. Abt. a. städt. Krankenhs., Küstrin-Neustadt.
Schenk, Paul, Priv.-Doz., Dr., Marburg a. Lahn, Bismarckstraße 11.
Schenk, Rudolf, Geh. Reg.-Rat Dr. phil., Prof. a. d. Univ, Münster i. W., Körnerstr. 4.
Schenk, Lothar, Dr. med., Ratingen, Oberstr. 50.
Schepelmann, Dr., Hamborn a. Rh., August-Thyssen-Str. 8.
Scherer, August, Dr. med., Magdeburg, Spielgartenstr. 44a, I.
Scherf, Dr., Bad Orb i. Hessen-Nassau.
Schering, Karl, Geh. Hofrat, Prof. Dr. phil., Darmstadt, Herdweg 86.
Scherrer, Thomas, Hofrat, Dr., Bregenz/Österr., Landesregierungs-Abt. 4.
Schettler, Dr., Meißen.
Scheuble, Hugo, Dr. phil., Ing., ord. Ass. a. d. montan. Hochschule, Leoben/Steiermark.
Scheuermann, Ad., Dr., Landau i. Pfalz, Moltkestr. 15a.
Scheuing, Georg, Bezirkstierarzt, Fürstenfeldbruck b. München.
Scheumann, K. H., Dr., Leipzig, Mineralog. Inst. d. Univ., Talstr. 35.
Schick, Béla, Prof. Dr., Wien IX, Lazarettgasse 14, Kinderklinik.
Schiebolt, Ernst, Dr., Kais.-Wilh.-Inst. f. Metallforschung, Berlin-Dahlem, Unter den Eichen 86.
Schieck, Franz, Geh. Med.-Rat Dr., Prof. d. Augenheilkunde, Halle a. S., Robert-Franz-Str. 12.

Schiemann, E., Frl., Dr., Bln.-Lichterfelde-West, Zietenstraße 2.
Schiff, Paul, Dr. med., Leipzig-Lindenau, Kaiserstr. 3.
Schild, Ewald, Inh. u. Leiter d. Mikrobiolog. Labor., Wien IX, Schubertgasse 15.
Schilder, Dr., Wien II, Taborstr. 11.
Schill, Dr., Stuttgart, Humboldtstr. 16.
Schiller, Arn., Dr. med., Karlsruhe i. B., Sofienstr. 120.
Schiller, Ludwig, Priv.-Doz., Dr., Leipzig-Thonberg, Stötteritzer Str. 83, II.
Schilling, C., Dir., Prof. Dr., Bremen, Seefahrtsschule.
Schilling, Fritz, Dr., Kreisphysikus a. D., Leipzig, Floßplatz 33.
Schimmer, F., Dr., Chemnitz, Schloßstr. 12.
Schipper, Friedr., Dir., Wiesbaden, Hildastr. 10.
Schirlitz, Walther, Reg.-Baurat, Hamburg 21-Uhlenhorst, Heinrich-Hertz-Str. 79.
Schirmacher, Karl, Dr., Höchst a. M., Staufenstr. 23.
Schirp, Ernst, San.-Rat Dr. med., Vohwinkel, Solinger Straße 16.
Schirp, Peter, Gen.-Sekr. d. Vereins lt. Elektrotechniker, Berlin W 57, Potsdamer Str. 68.
Schittenhelm, Alfred, Prof. Dr. med., Kiel, Mediz. Klinik.
Schkaff, B., Priv.-Doz., Dr., Prag/Tsch.-Slow., U.-Korlova 3, Zoolog. Institut.
Schleicher, A., Prof. Dr., Aachen, Försterstr. 6.
Schleier, J., Dr. med., Guttentag i. O.-S.
Schleiermacher, A., Geh. Hofrat, Prof. Dr. phil., Karlsruhe, Kriegstr. 31.
Schleissing, Otto, Dir., Dresden-Loschwitz, Viktoriastr. 32.
Schlemmer, E. G., Dr., Stabsarzt, Zehlendorf b. Berlin, Hauchtstr. 56a.
Schlender, Dr., Radebeul, Post Radebeul-Oberlößnitz.
Schlesinger, Josef, Dr. med., Breslau, Harrasgasse 4/5.
Schleussing, Dr. med., Düsseldorf, Patholog. Inst., Moorenstraße 5.
Schleußner, C. A., Dr., Frankfurt a. M., Beethovenstr. 5b.
Schlieper, Adolf, Dr. phil., Elberfeld, Hofaue 14.
Schlink, Wilh., Dipl.-Ing., Prof. Dr., Darmstadt.
Schlipp, Friedr., Dr. med., Neustadt a. Orla.
Schlockow, Dr., Stadtoberapoth., Berlin NW 21, Turmstr. 21.

Schloesser, Carl, Prof. Dr. med., Gut Allgauhaus b. Schafflach i. Oberbayern.
Schlotter, Hermann, Univ.-Prof. Dr., Prag, Stadtpark 11.
Schloßmann, Arthur, Geh. Rat, Prof. Dr. med., Düsseldorf, Oststr. 15.
Schlüter, Curt, Dr., Zoologe, Halle a. S., Viktoriastr. 9.
Schmauß, Aug., Prof. Dr. phil., Bay. Landeswetterwarte, München, Gabelsbergerstr. 55.
Schmehlik, R., Patentanw., Doz. d. Humboldt-Akademie, Berlin-Dahlem, Im schwarzen Grund 25.
Schmid, Bastian, Prof. Dr., München-Solln, Lindeneck.
Schmid, Hans Hermann, Priv.-Doz., Dr., Prag II, Jecnà 30.
Schmid, Max, Dr. med., Potsdam, Neue Königstr. 125.
Schmidt, Alexander, Dr. med., Altona a. E., Palmaille 5.
Schmidt, Alfred, i. Fa. E. Leybolds Nachf., Köln a. Rh., Brüderstr. 7.
Schmidt, Conr. Wm., Lackfabrik G. m. b. H., Düsseldorf, Oberbilker Allee 63.
Schmidt, Erhard, Dr. med., Dresden-A., Prager Str. 44, II.
Schmidt, Erich, Geh. Reg.-Rat, Dr., Berlin W 15, Kurfürstendamm 58.
Schmidt, Ernst, Arzt u. Zahnarzt, Kiel, Muhliusstr. 2—4.
Schmidt, Ernst, Dr. Ing., München, Kaiserstr. 56.
Schmidt, Ernst, Dr., Berlin-Britz, Riedelstr. 1—32.
Schmidt, E. W., Dr., Hannover, Fundstr. 29, III.
Schmidt, Fr., Dr. med., Senftenberg i. Lausitz.
Schmidt, Fritz, Geh. San.-Rat Dr., Dirig. Arzt, Polzin. i. Pommern.
Schmidt, Fritz, Dr., Troisdorf b. Köln a. Rh., Emil-Müller-Str. 15.
Schmidt, F. W., Dr. med. et phil., Frankfurt a. M., Jahnstraße 56.
Schmidt, G., Dir., Dr. phil., Schlebusch.
Schmidt, Günther, Priv.-Doz., Dr. phil., Halle a. S., Viktor-Scheffels-Platz 17.
Schmidt, Hans, Priv.-Doz., Dr., Oberlößnitz, Post Radebeul-Oberlößnitz, Augustenweg 11.
Schmidt, Heinr., Brauereidir., Isny/Allgäu.
Schmidt, Harry, Dr. phil., Cöthen i. Anhalt, Schützenstraße 3a, II.

Schmidt, Herm., Dr. phil., Düsseldorf, Gerhardstr. 135, Kais.-Wilh.-Inst. f. Kohlenforschung.
Schmidt, Johannes, Stud. - Rat, Delitzsch, Bitterfelder Straße 27.
Schmidt, Joh. Walter, Obermed.-Rat Prof. Dr., Leipzig, Österreicherstr. 55.
Schmidt, Karl, Univ.-Prof. Dr. phil., Halle a. S., Am Kirchtor 7.
Schmidt, Karl, Dir., Dr., Karlsruhe, Techn. Hochschule, Bibliothek.
Schmidt, Martin, Geh. Hofrat, Prof. Dr. med., Würzburg, Luitpoldkrankenhaus, Bismarckstr. 9.
Schmidt, Martin, Prof. Dr., Dir. d. Naturaliensammlung, Stuttgart.
Schmidt, Max, Dr., Cottbus, Schloßkirchplatz 2.
Schmidt, Otto, Dr., Ludwigshafen a. Rh., Lisztstr. 113.
Schmidt, Otto, Dr., Dresden-A., Grunaer Str. 3.
Schmidt, Robert E., Dir., Dr. phil., Elberfeld, Siegesallee 11.
Schmidt, Werner, Dr., Schleiz, Neumarkt 10.
Schmidt-Ott, Dr., Staatsminister a. D., Exzell., Berlin C 2, Schloß, Privat: Bln.-Steglitz, Schillerstr. 7.
Schmidtberger, Gust, Dr., Landes-Heil- u. Pflegeanstalt, Niederhart-Linz/Österreich.
Schmidtgen, Otto, Prof. Dr., Mainz, Naturhistor. Museum.
Schmiedehausen, G., Dr., Nebra a. U. b. Leipzig.
Schmieden, Victor, Prof. Dr., Frankfurt a. M., Paul-Ehrlich-Str. 54.
Schmiedt, Ernst, San.-Rat Dr., Leipzig, Otto-Schill-Str. 1.
Schmiedt, Wilhelm, Dr., Leipzig-Plagwitz, Alte Str. 22, II.
Schmitt, Carl, Dir., Prof., Düsseldorf, Ellerstr. 94.
Schmitt, Constanze, Dr. phil., Ass. a. tierphys. Inst. d. Landw. Hochschule Berlin, Frohnau i. Mark, Hainbuchenstraße 5.
Schmitt, Franz M., Dr., Prof. a. d. Tierärztl. Hochschule, München 34, Veterinärstr. 6.
Schmitt, Gerhard, Dr. ing., Hamburg-Groß-Borstel, Lockstedter Damm 13.
Schmitt, Rudolf, Konservator d. Zool. Anat. Abt. d. Altonaer Museums, Altona a. Elbe.
Schmitt, Willy, Dr. med., Leipzig, Mediz. Univ.-Poliklinik, Nervenabt., Nürnberger Str. 55.

Schmitt-Auracher, Frau Dr. med., München, Beethovenstraße 8.
Schmitz, E., Prof. Dr., Breslau 18, Ahornallee 27.
Schmiz, Eduard, Apotheker, Brackel b. Dortmund.
Schmorl, Georg, Geh. Med.-Rat Prof. Dr., Dresden-N. 8, Bettinastr. 15.
Schneider, Dr., Dir., i. Fa. Ammoniakwerk, Merseburg, Post Leuna-Werke, Bez. Halle a. S.
Schneider, Erich, Dr. med., Frankfurt a. M., Lange Str. 4.
Schneider, Heinr., Dr., Fürstl. Brunnenarzt, Bad Salzbrunn i. Schles.
Schneider, Julius, Dr. phil., Dresden-A., Lüttichaustr. 4.
Schneider, Rud., Univ.-Prof. Dr. med., München, Sonnenstraße 13.
Schneider, Wilhelm, Prof. Dr. phil., Jena, Hornstr. 1.
Schneiderhöhn, Hans, Prof. Dr., Aachen, Wüllnerstr. 8.
Schneiderhöhn, Frau, Prof. Dr., Aachen, Wüllnerstr. 8.
Schniewindt, Fritz, Gut Beretrop b. Neuenrade i. W.
Schnitzer, Robert, Dr., Bln.-Wilmersdorf, Aschaffenburger Str. 6.
Schnürer, Josef, Prof. Dr., Wien III, Apostelgasse 4.
Schoeller, W., Prof., Bln.-Westend, Akazienallee 15.
Schön, Ellen, Frau Dr., Bln.-Wilmersdorf, Sigmaringer Straße 28.
Schoen, Herbert, Dr., Halle a. S., Poststr. 11.
Schön, Michael, Fabrikant, Wiesbaden, Fabrik elektromediz. u. physik. Apparate, Heerngartenstr. 15.
Schön, R., Dr., Würzburg, Med. Klinik, Luitpoldspital.
Schönberg, S., Prof. Dr., Basel, Schützengraben 54.
Schöne, Georg, Prof. Dr., Stettin, Behr-Negendank-Str. 4.
Schöner, Otto, Dr., Bezirksarzt, Sendelbach, Post Lohr a. M., Unterfranken.
Schoenewald, Dr., Bad Nauheim.
Schönfeld, Siegfried, Dr. med., Frankfurt a. M., Königsteiner Str. 13.
Schönflies, Artur, Prof. Dr., Frankfurt a. M., Grillparzerstraße 59.
Schöning, E., Dr., Hamborn a. Rh., Theodorstr. 10.
Scholefield, Oscar, Dr. med., Hamburg-Billbrook.

Scholl, Roland, Prof. Dr. phil., Dresden, Techn. Hochschule, Anton-Graff-Str. 1.
Schollky, Walter, Dr., Rostock, Physik. Inst.
Scholtz, Walter, Prof. Dr. med., Königsberg i. Pr., Lange Reihe 12.
Scholz, Dr. med., Tübingen, Nervenklinik.
Scholz, Bernhard, Dr., Chefarzt a. Bürgerhospital, Frankfurt a. M., Annastr. 25.
Scholz, Wilhelm, Hofrat, Prof. Dr. med., Graz, Riesstr. 1.
Schotte, Herbert, Dr., Bln.-Wilmersdorf, Pfalzburger Straße 33.
Schotten, H., Prof. Dr., Oberrealschuldir., Halle a. S., Kohlschütter Str. 9, I.
Schottky, Walter, Prof. Dr., Rostock, Physik. Inst.
Schottländer, Erich, Dr. med., Berlin W 50, Augsburger Straße 66.
Schottländer, Paul, Dr., Rittergutsbes., Breslau V, Tauentzienplatz 2.
Schrader, C., Geh. Reg.-Rat, Dr., Berlin NW 52, Thomasiusstr. 8, II.
Schramm, Carl, Dr. med., Dortmund, Burgwall 13.
Schramm, Otto, Dr. med., Chirurg. Univ.-Klinik, Berlin N 24, Ziegelstr. 5-9.
Schreiber, Ernst, Prof. Dr. med., Dir. d. städt. Krankenhauses Sudenburg, Magdeburg, Leipziger Str. 44.
Schreiber, Fritz, Dr. med. dent., Liegnitz, Friedrichspl. 1.
Schreiber, Oswald, Dr., Dir. d. Serum-Inst., Landsberg a. W., Heinersdorfer Str. 14.
Schrenk-Notzing, *von*, Albert, Freiherr, Dr. med., München, Max-Josef-Str. 2, I.
Schreus, Theodor, San.-Rat Dr., Krefeld, Ostwall 108.
Schröder, Georg, Dr. med., Schömberg O. A. Neuenburg.
Schröder, Robert, Prof. Dr., Kiel, Univ.-Frauenklinik, Hegewischstr. 4.
Schröder, W., Dr. med., Hannover, Königstr. 6.
Schröter, Carl, Apothekenbes., Lübben i. Lausitz, Hauptstraße 25.
Schrottenbach, Heinz, Prof. Dr., Graz, Nervenklinik.
Schubert, Eduard, Dr., Leipzig-Go., Pariser Str. 1.
Schubert, Johannes, prakt. Tierarzt, Schildau, Kr. Torgau.
Schubert, Kurt, Dr. med., Kassel, Schöne Aussicht 10.

Schubert, L., Dr. med. dent., Opladen i. Rhld., Kölner Straße 18.
Schuckmann, von, Reg.-Rat, Dr., Bln.-Lichterfelde-West, Gerichtstr. 12, ptr.
Schudt, E., Dr. med., Dir. d. Volksheilanst., Vogelsang b. Gommern, Bez. Magdeburg.
Schübel, Konrad, Prof. Dr., Erlangen, Pharmakolog. Inst.
Schüffner, W., Prof. Dr., Amsterdam/Holland, Mauritskade 57.
Schüller, Dr. med., Düsseldorf, Hohenzollernstr. 22.
Schüller, Josef, Prof. Dr., Köln a. Rh., Severinstr. 112.
Schütt, Dr., Hamburg, Esplanade 38.
Schütt, Eduard, Dr. med., Dortmund, Hagenstr. 24.
Schütt, Eduard, Dr. med., Bacharach a. Rh.
Schütt, K., Dr., Blankenese, Bahnhofstr. 30, I.
Schütt, Prof. Dr., Hamburg, Papenhuder Str. 8.
Schütz, Franz, Prof. Dr. med., Kiel, Reventlow-Allee 28.
Schütz, Franz, Dr. phil., Gelsenkirchen, Walpurgisstr. 8.
Schütz, Gustav, Geh. San.-Rat Prof. Dr., Bln.-Lichterfelde, Schillerstr. 17.
Schütz, Wilh., Dr., Tübingen, Physik. Inst.
Schütze, Rudolf, Dr., Stud.-Rat, Chemnitz.
Schützhold, Dr. med., Bad Lausigk b. Leipzig.
Schuh, Prof. Dr., Rostock, Geol. Inst. d. Univ.
Schuler, Edgar Carl, Chemiker d. Regierung zu Köln, Köln, Melchiorstr. 10, II.
Schultz, A., Dr., Barmen, Wertherstr. 42, I.
Schultz, Arthur, Dr. med., Priv.-Doz. f. Pathologie a. d. Univ. Kiel, Kiel, Adolfplatz 12.
Schultz, Gustav, Prof. Dr. phil., München, Adalbertstraße 100, I.
Schultze, Ernst, Geheimrat, Prof. Dr., Göttingen.
Schultze, Hans, Dr. med. vet., Altenburg i. S.-A., Teichvorstadt 14.
Schultze, Wilhelm, Fr., städt. Apothekenbes., Köln, Cäcilienstr. 1a.
Schulz, Artur, Univ.-Prof. Dr., Gerichtsarzt, Halle a. S., Reilstr. 89b.
Schulz, Fr. N., Prof. Dr. med., Jena, Sedanstr. 7.
Schulz, Herm., Leiter d. Botan. Gartens d. Stadt Kassel, Kassel, Rothenditmolder Str. 14E.

Schwarze, H., Stud.-Rat, Prof. Dr., Leipzig, Petrischule.
Schwarzenauer, Wilh., Bergwerksdir., Hannover, Podbielskistr. 16.
Schwaß, Paul, Geh. Med.-Rat u. Geh. Hofrat, Dr., Sigmaringen.
Schwebel, Paul, Prof. Dr., Jugenheim, Bergstraße.
Schweidler, Prof. Dr. phil., Innsbruck, Univ., Bienerstr. 27.
Schweinfurt, Stud.-Rat, Prof., Detmold, Lageschestr. 72.
Schweisheimer, W., Dr. med., München, Lucile-Grahn-Straße 46.
Schweitzer, Bernhard, Prof. Dr., Chemnitz, Dir. d. staatl. Frauenklinik.
Schwenke, Johanna, Frau, Dr. med., Grimma i. Sa.
Schwenkenbecher, A., Dr. med., Marburg a. d. Lahn, Med. Univ.-Klinik.
Schwoch, Günther, cand. chem., Bln.-Zepernick, Lehrsiedlung, Bau 13, Nieder-Barnim.
Seckelson, Ernst, Dr., Berlin W 30, Landshuter Str. 36.
Seddig, Max, Prof. Dr., Buchschlag, Kr. Offenbach, Eleonorenanlage 3.
Seefeld, Arthur, Dr., Hamburg, Neuer Wall 15.
Seefelder, Richard, Prof. Dr., Innsbruck, Anichstr. 35.
Seeger, Max, Med.-Rat Dr., Lübben i. d. Lausitz.
Seelemann, M., Dr., Bln.-Dahlem, Altensteinstr. 56.
Seeliger, Paul, Dr. med., Ass. d. chirurg. Univ.-Klinik, Freiburg i. Br., Jacobistr. 4.
Seeliger, Rudolf, Prof. Dr., Physik. Inst. Greifswald.
Seeligmann, Ludwig, Dr., Hamburg, Esplanade 38.
Seemann, Th., Kreistierarzt, Zell a. d. Mosel, Friedrich-Wilhelm-Str. 207.
Segall, Alfred, Dr., Berlin W 35, Magdeburger Str. 23.
Seibert, W. & H., Optisches Institut, Wetzlar.
Seidel, Dr., Ass. a. Kais.-Wilh.-Inst. f. Biologie, Bln.-Dahlem.
Seidel, Dr. med., Glauchau i. Sa.
Seidel, Ernst, Dr. dent. surg., Dresden-A. 1, Pragerstr. 24.
Seidel, Hans, Univ.-Prof. Dr., Marburg a. d. Lahn, Reuthof 6.
Seidel, Paul, Dr., Fabrikdir., Ludwigshafen a. Rh., Bad. Anilin- u. Sodafabrik.

Seidlitz, von, Wilfried, Dr. Prof. a. d. Univ. Jena, Reichardstieg 4.
Seifert, O., Dr. med., Hamburg, Hallerstr. 70.
Seifert, Richard, Dr. med. dent., Rüstringen i. Oldenb., Gökerstr. 76.
Seifert, Wilh., Leipzig-R., Augustenstr. 9, II.
Seiffert, Gustav, Med.-Rat Dr., München, Ludwigstr. 14, I.
Seiffert, Walter, Priv.-Doz., Dr., Freiburg i. Br., Dreisamstr. 32.
Seitz, A., Dr., Gießen, Oberarzt d. Univ.-Frauenklinik.
Seitz, Ludwig, Geh. Hofrat, Prof. Dr. med., Frankfurt a. M., Univ.-Frauenklinik, Paul-Ehrlich-Str. 50.
Seitz, Wilhelm, Prof. Dr. phil., Aachen, Nizza-Allee 81.
Seka, Reinhard, Dr., Ass. a. II. chem. Labor. d. Univ., Wien VII, Neustiftgasse 5.
Seligmann, Richard, Dr., Waidhofen a. Thaya/Österr.
Sellheim, Hugo, Prof. Dr. med., Halle a. S., Univ.-Frauenklinik.
Selter, Hugo, Prof. Dr. med., Königsberg i. Pr., Busoltstraße 6.
Selter, Paul, Prof. Dr. med., Solingen, Friedrichstr. 41.
Senden, von, Cornelia, Frl., Studienrätin, Halberstadt, Tierschweg 1.
Sengewitz, Franz, Apothekenbes., Dresden-A. 19, Borsbergstr. 19.
Serog, Max, Dr., Breslau.
Severin, Adolfine, Frl., Dr. med., Düsseldorf, Bleichstr. 19.
Seyderhelm, R., Priv.-Doz., Dr., Oberarzt d. mediz. Klinik, Göttingen.
Seyfarth, Walter, Stud.-Rat, Dr., Chemnitz, Mozartstr. 19.
Sick, C., Hofrat, Prof. Dr. Oberarzt, Hamburg, Alsterglacis 13.
Sick, Konrad, Geh. San.-Rat Dr. med., Stuttgart, Herdwegstr. 17.
Sick, Paul, Prof. Dr., Chefarzt d. chirurg. Abtlg. d. Diakonissenhauses, Leipzig, Schreberstr. 13.
Sickel, Helmut, stud. chem., Leipzig-Schleußig, Rödelstraße 9.
Sido, Max, Dr., Ass. a. pharm. Inst. d. Univ. Berlin, Bln.-Dahlem, Königin-Luise-Str. 2-4.

Siebenmann, Friedr., Prof. Dr. med., Basel, Bernoullistraße 8.
Siebert, C., Dr., Marburg, Ockerhäuser Allee 14.
Siebert, G., Fabrikbes., Hanau, Leipziger Str. 10.
Siebke, Harald, Dr. med., Kiel, Goethestr. 26, IV r.
Sieburg, E., Prof. Dr., Hamburg 13, Mittelweg 30.
Sieden, Dr., Vorst. d. Agrikulturchem. Versuchsstation, Kiel, Kronshagener Weg 3.
Siedentopf, Henry, Prof. Dr. phil., Jena, Kaiser-Wilhelm-Straße 7.
Siegel, Willy, Prof. Dr., Oberarzt d. Univ.-Frauenklinik, Gießen, Frankfurter Str. 36.
Siegert, Ferdinand, Geh. Med.-Rat Prof. Dr. med., Köln-Lindenthal, Stadtwaldgürtel 33.
Siegfried, Constanze, Dr. med., Leipzig, Johannispl. 1, I.
Siegheim, Friedr., Dr. med., Bln.-Grunewald, Hagenstr. 39.
Siegrist, Prof. Dr., Bern, Univ.-Augenklinik, Effingerstr. 1.
Siemens, von, Carl, Dr., Siemensstadt b. Berlin.
Siemerling, Ernst, Geh. Med.-Rat Prof. Dr., Kiel, Niemannsweg 147.
Sierp, Prof. Dr., München-Nymphenburg, Botan. Inst.
Sierp, F., Dr., Essen, Morschofstr. 58.
Sievers, R., Prof. Dr. med., Leipzig, Sidonienstr. 67.
Sieverts, Adolf, Prof. Dr., Frankfurt a. M., Hansaallee 3.
Sigerist, E. Henry, Dr., Zürich, Ebelstr. 7.
Sigmund, Franz, Prof. Dr., Stuttgart-Degerloch, Neue Weinstege 160.
Silber, Max, Dr. med., Breslau 13, Kaiser-Wilhelm-Str. 18.
Silberberg, Otto, Dr., Breslau, Hohenzollernstr. 63-65.
Silberstein, Fritz, Priv.-Doz., Dr., Wien IX, Zimmermanngasse 1.
Silberstein, Werner, Med. Praktikant, Berlin NW 23, Klopstockstr. 56, II. Med. Poliklinik d. Charité.
Simmel, Hans, Dr., Ass. d. med. Poliklinik, Jena, Lutherstraße 2.
Simon, Alfred, Dr., Chem., Güstrow i. Mecklbg., Pferdemarkt 19.
Simon, Herm., Prof. Dr., Göttingen, Nicolausberger Weg 20.
Simon, J., Prof. Dr., Dresden-A., Wintergartenstr. 19, I.

Simon, Ludwig, Dr., Chefarzt d. städt. Krankenhauses, Ludwigshafen a. Rh.
Simon, Max, Hofrat, Dr., Nürnberg, Praterstr. 23.
Simonis, H., Prof. Dr., Charlottenburg 2, Marchstr. 3.
Singer, B., Dr. med., Leipzig, Kaiser-Wilhelm-Str. 16.
Sinn, Richard, Dr. med., Neubabelsberg b. Berlin, Sanat.
Sioli, F., Dr., Oberarzt a. d. Prov.-Heil- u. Pflegeanstalt, Priv.-Doz., Düsseldorf-Grafenberg.
Sippel, Albert, Geh. San.-Rat Prof. Dr. med., Frankfurt a. M., Eppsteiner Str. 45.
Skita, A., Prof. Dr., Hannover, Chem. Lab. d. techn. Hochschule.
Skramlik, von, Emil, Priv.-Doz., Dr., Freiburg i. Br., Hebelstr. 33, I.
Skutsch, Felix, Prof. Dr. med., Leipzig, Wiesenstr. 7b.
Smalian, K., Prof. Dr., Hannover-Herrenhausen, Böttcherstraße 5.
Smeira, J., Dr. med., Breslau 18, Israelitisches Krankenh.
Smidt, Henry, Dr. med., Düsseldorf, Cecilienallee 81.
Sobotta, Johannes, Prof. Dr., Dir. d. anatom. Inst. Bonn, Venusbergweg 37.
Söder, William, Dr. jur., Großherzogl. Sächs. Konsul, Dir. d. Behringwerke, Gut Löhnhorst b. St. Magnus b. Bremen.
Söderbergh, H., Med. Dr., Oefverläkare vid. Läuslasarettet, Karlstad/Schweden, Klarastr. 17.
Sölch, Prof. Dr., Innsbruck, Geograph. Inst.
Söldner, Friedrich, Dr., Grumbach O. A. Schorndorf i. Württ.
Sörup, Alexander, Hofrat, Dr. med. dent., Dresden-A., Wiener Str. 12.
Soetbeer, Franz, Prof. Dr. med., Gießen.
Solnick, Bernhard, stud. med., Leipzig, Ferdinand-Thode-Straße 25b, b. Weismandel.
Soltmann, Dr., Leipzig, Schenkendorfstr. 6.
Sommer, Albert, Dr., Dresden-A., Reichenbachstr. 63.
Sommer, H., Dr., Dresden-A., Johann-Georgen-Allee 12.
Sommer, Martin, Dr., Marienburg i. Sa., am Bahnhof 4, b. Frau Teubner.
Sommer, Robert, Geh. Med.-Rat, Dr. med. et. phil., Gießen, Frankfurter Straße.

Sommerfeld, Arnold, Prof. Dr. phil., München, Leopoldstraße 87.
Sonnen, Dr. med., Düsseldorf, Graf-Adolf-Str. 7.
Sonnenschein, Curt, Dr. med., Köln-Lindenthal, Hyg. Inst., Gleueler Str. 77.
Sonard, Richard, Dr., Neurößen b. Merseburg a. S.
Sowade, Joh., Prof. Dr. med., Halle a. S., Kronprinzenstraße 30.
Spaet, Franz, Med.-Rat Dr. med., Fürth i. B., Schwabacher Str. 36, II.
Spalteholz, Werner, Med.-Rat Prof. Dr., Leipzig, Mozartstraße 21.
Spancken, F. A., Geh. Med.-Rat Dr., Meschede i. W., Schützenstr. 193.
Spanier, Ludwig, San.-Rat Dr. med., Hannover, Völgersweg 14.
Spanuth, Johannes, Dr., Rathenow, Berliner Str. 5.
Spatz, Bernh., Hofrat, Dr. med., München, Holzkirchener Straße 1-6.
Spatz, Hugo, Dr., Ass. d. spsych. Klinik, München, Nußbaumstr. 7.
Spek, Josef, Dr., a. o. Prof. d. Zoologie, Heidelberg, Landhausstr. 19.
Speckeler, Heinr., Dir., Dr. phil., Grießheim a. M., Kaiserstraße 32.
Spee, von, F., Geh. Med.-Rat Prof. Dr., Graf, Projensdorf, Post Holtenau b. Kiel.
Speer, Ernst, Dr., Lindau i. Bodensee.
Speiser, Paul, Kreismed.-Rat Dr., Königsberg i. Pr., Kaiserstr. 12.
Spemann, H., Dr., Freiburg i. Br., Goethestr. 52.
Spengel, Rudolf, Dr., Törwang b. Rosenheim i. Ob.-Bay.
Spengler, O., Dr., Dessau, Elisabethstr. 27.
Spiegel, Leopold, Prof. Dr. phil., Charlottenburg 4, Bismarckstr. 80.
Spieß, Paul, Geh. Reg.-Rat, Dr., Prof. a. d. Akademie, Bln.-Lichterfelde, Knesebeckstr. 8.
Spieß, O., Physiker, Charlottenburg, Oranienstr. 17.
Spieß, Fregattenkapitän u. Kommandant d. Forschungsschiffes „Meteor", Berlin C 2, Marinepostbüro.
Spiethoff, Bodo, Prof. Dr. med., Jena, Wörthstr. 1.

Spiro, Prof., Dr., Basel, Vesalianum.
Spiro, Paul, Dr., Frankfurt a. M., Med. Klinik.
Spitznagel, Heinrich, Dr., Essen-Rüttenscheid, Alfredstraße 26, I.
Splettstößer, Willi, Stud.-Rat, Dr., Berlin O 27, Raupachstraße 9, III.
Spribille, Franz, Dr., Mülheim a. d. Ruhr, Kohlenkamp 8.
Springer, Arno, Stud.-Rat, Dr., Zwickau i. Sa., Roonstraße 17.
Springer, Ferdinand, Dr. med. h. c., i. Fa. Julius Springer, Berlin W 9, Linkstr. 23/24.
Springsfeld, Eduard, Dr. med., Aachen, Salvatorstr. 22.
Stabel, H., Dr. med., Berlin W 35, Schöneberger Ufer 14.
Stade, Waldemar, Dr., Essen, Huyssenallee 68.
Stadelmann, Heinrich, Dr., Dresden-A., Nürnberger Straße 55.
Staehelin, Aug., Dr. med., Basel, Dufourstr. 52
Staehelin, Rudolf, Prof. Dr. med., Basel, Schönbeinstr. 40.
Stanojevič, L., Prof. Dr., Med. Fakultät der Univ. Belgrad.
Starck, Hugo, Dr., Prof. d. inn. Medizin, Karlsruhe, Beiertheimer Allee 42.
Starck, von, Wilhelm, Geh. Med.-Rat Prof. Dr. med., Kiel, Carolinenweg 9.
Starcke, Franz, Dr., Starnberg b. München.
Stargardt, Karl, Prof. Dr. med., Marburg a. d. Lahn, Dir. d. Augenklinik.
Stargardter, Julius, Dr. med., Hagen i. W., Südstr. 7, I.
Starkenstein, Emil, Prof. Dr., Prag II, Gerstengasse 43.
Staub, Alfred, San.-Rat Dr. med., Breslau, Tauentzienplatz 10a.
Staubach, Franz, Dr., i. Fa. J. D. Riedel Akt.-Ges., Bln.-Britz, Riedelstr. 1-32.
Staudenmaier, Ludwig, Prof. Dr. phil., Freising b. München, Kammerstr. 9.
Staudenmayer, Otto, Med.-Rat, Dr., Ludwigsburg i. Württ., Mathildenstr. 10.
Staudinger, H., Prof. Dr., Zürich 6, Hadlaubstr. 81.
Stauß, Walter, Dr., Dresden-A., Anton-Graff-Str. 14, II.
Stautz, P., Dr. phil., Mainz, Schulstr. 60.
Stavenhagen, A., Geh. Rat Prof. Dr., Bln.-Grunewald, Humboldtstr. 5.

Steche, Otto, Prof. Dr. med. et. phil., Hochwaldhausen, Post Herbstein i. Ob.-Hess.
Stegemann, Heinr., Dr., Mülheim-Dümpten, Mellinghoferstraße 277.
Stegmann, Ernst, Dr., Hannover-Waldhausen, Güntherstraße 19.
Steib, Otto, Stud.-Rat, Leipzig, Kronprinzstr. 23, I.
Steiger, Paula, Frl., Dr. phil., Wien I, Seilerstätte 5.
Steimann, Wilh., Dr. med., Dortmund, Heroldstr. 8½.
Stein, Georg, Dr., Wien I, Morzinplatz 5.
Stein, Robert, Dr., Leipzig, An der Tabaksmühle 5.
Stein, S. L., San.-Rat Dr., Görlitz, leit. Arzt d. Hautabteilung a. Stadtkrankenhaus, Jacobstr. 6.
Steinberg, Paul, Dr. dent. surg., Nürnberg, Königstr. 11.
Steinbach, Wilhelm, Dr., Bln.-Friedenau, Niedstr. 18.
Steinen, von den, Dr. med., Düsseldorf, Bleichstr. 19.
Steiner, Rudolf, Dr. med., Dresden A. 1, Pragerstr. 38, II.
Steinitz, Ernst, Prof. Dr. phil., Kiel, Düsternbrook 68.
Steinkopff, Theodor, Verlagsbuchhandlung, Dresden-Blasewitz, Residenzstr. 12b.
Steinkühler, Max, Dr. med., Weißer Hirsch b. Dresden, Sanatorium.
Steinmann, Gustav, Geh. Bergrat, Prof. Dr., Bonn a. Rh., Colmantstr. 20.
Steinmann, H. G., Stud.-Rat, Dr., Essen a. d. Ruhr, Bredeneyerstr. 119.
Steinmetz, H., Priv.-Doz., Dr., München, Jos.-Klar-Straße 7, IV.
Steinsberg, Leop., Dr., Franzensbad, Villa Dr. Steinsberg.
Stelzner, Ober-Reg.-Rat, Dr., Thür. Landesamt f. Maß u. Gewicht, Ilmenau.
Stemmler, Ferd., Dr. med., dirig. Arzt d. Marien-Krankenhauses, Bad Ems, Mainzer Str. 1.
Stempell, Walther, Univ.-Prof. Dr., Münster i. W., Gertrudenstr. 31.
Stenger, Geh. Med.-Rat Prof. Dr., Königsberg i. Pr., Kastanienallee 6.
Stenzel, Arthur, Hamburg 19, Wiesenstr. 33.
Stenzel, Dr., Kreisveterinärrat, Schötmar i. Lippe.
Stenzl, Franz, Prof., Vierzighuben b. Zittau i. Mähren.
Stenzl, Hans, Dr., Basel, Hotel Royal.

Stephan, Richard, Dr. med., Chefarzt d. Marienkrankenhauses, Frankfurt a. M., Packstr. 3.
Stephanitz, von, Rittmeister a. D., Görlitz, Biesnitzer Straße 81/0.
Stepp, Wilhelm, Prof. Dr., Dir. d. med. Klinik, Jena, Zenkerweg 3.
Steppenbeck, Erich, Dr. med., Belgern a. d. Elbe, Markt 21.
Stern, August, Privatgelehrter, Dr. h. c., Leipzig-Oetzsch, Städtelnerstr. 3.
Stern, Carl, Prof. Dr. med., Dir.d. Hautklinik, Düsseldorf, Marienstr. 3.
Stern, Ernst, Dr., Charlottenburg 5, Königsweg 26/27.
Stern, Richard, Dr., Hamburg 37, Isastr. 119.
Sternberg, Adolf, Dr., Frankfurt a. M., Hautklinik, Eschenbachstr. 14.
Sternberg, Carl, Prof. Dr., Wien VIII, Langegasse 67.
Sternberg, Charlotte, Frl., Bln.-Grunewald, Hohenzollerndamm 91.
Sternheimer, Dr. med., II. med. Klinik d. Charité, Berlin, Station 4.
Sterzel, K. A., Dr.-Ing., Dresden-A., Zwickauer Str. 42.
Stettenheim, Ludwig, Dr., Leipzig, Haydnstr. 1.
Steuer, Alexander, Bergrat, Prof. Dr., Landesgeologe, Darmstadt, Herdweg 110.
Stiaßny, Sigmund, Dr. med., Wien I, Bösendörfer Str. 6.
Stich, Conrad, Dr., Leipzig, Bayerischer Platz.
Stich, Rudolf, Prof. Dr. med., Dir. d. chirurg. Klinik, Göttingen, Weender Chaussee 14.
Stickel, Prof. Dr., Dir. a. Virchow-Krankenh., Berlin N 65, Virchow-Krankenhaus.
Sticker, Anton, Prof. Dr. med., Bad Honnef a. Rh.
Sticker, Georg, Prof. Dr. med., Würzburg, Univ.
Stieda, Alex, Prof. Dr., Oberarzt d. chirurg. Klinik, Halle a. S., Karlstr. 35.
Stiefler, Georg, Priv.-Doz., Dr., Linz a. D., Promenade 31.
Stiegler, Adolf, Dr., Physiker d. Siemens & Halske A.-G., Wien IV, Karolinengasse 24.
Still, C., Dr.-Ing., Recklinghausen i. W.,
Stille, Hans, Prof. Dr., Göttingen, Herzberger Landstr. 55.
Stintzing, H., Priv.-Doz., Dr., Gießen, Goethestr. 55.

Stintzing, Roderich, Geh. Med.-Rat Prof. Dr., Jena, Am Steiger 2.
Stiny, J., Prof. Dr., Wien IV., Karlsplatz 13, Techn. Hochschule.
Stobbe, Hans, Prof. Dr. phil., Leipzig, Simsonstr. 4.
Stock, Alfred, Prof. Dr. phil., Bln.-Dahlem, Im Gehege 4.
Stock, Wolfgang, Prof. Dr. med., Dir. d. Univ.-Augenklinik, Tübingen.
Stockhausner, Fritz, Dr., Grub, Post Poing b. München.
Stöcker, Quirin, Dr. med., Oberwesel a. Rh.
Stöckler, Friedrich, Wissenschaftl. Vertreter, Mannheim M. 3/6.
Stoffels, Heinr., Dr., Berlin W 62, Kurfürstenstr. 97.
Stollé, R., Prof. Dr., Heidelberg, Bergstr. 5, II.
Stolte, H., Dr., Eisenach, Karlstr. 48.
Stolte, Hans-Adam, Priv.- Doz., Dr., Königsberg i. Pr., Zoolog. Inst.,
Stolte, Karl, Prof. Dr. med., Breslau, Hedwigstr. 40.
Stolzenbach, Karl, San.-Rat Dr. med., Hannover, Drostestraße 1.
Stood, Wilh., San.-Rat Dr. med., Barmen, Clever Str. 18.
Stooß, Max, Prof. Dr. med., Bern, Reinmattstr. 3.
Stoppel, Frl., Dr., Inst. f. allg. Botanik, Hamburg, Jungiusstr. 6.
Storch, Dr., Tübingen, Nervenklinik.
Stosius, Karl, Dr., Wien III, Gerlgasse 23.
Stoß, A. V., Prof. Dr., München, Holzstr. 12, III.
Stoye, K., Dr. phil., Quedlinburg i. Harz, Pölkenstr. 15, II.
Sträter, Aug., Dr. med., Aachen, Boxgraben 56.
Strahl, Hans, Geh. Med. Rat Prof. Dr., Dir. d. anat. Inst., Gießen.
Stransky, Eugen, Dr., Wien VIII, Glanzingasse 37.
Stransky, Erwin, a. o. Univ.-Prof. Dr., Wien VIII/1, Mölkergasse 3.
Stransky, Hugo, Dr. med., Brünn/Tschech.-Slow., Herrengasse 2.
Strassen, zur, Otto, Geh. Rat, Prof. Dr. phil., Frankfurt a. M., Varrentrappstr. 65.
Straßmann, Fritz, Geh. Med.-Rat Prof. Dr., Berlin NW, Siegmundshof 18a.

Straßmann, Georg, Dr. med., Berlin NW 23, Siegmundshof 18.
Straßmann, Paul, Prof. Dr. med., Berlin NW 6, Schumannstraße 18.
Stratmann, Alex, Dr. med., Düsseldorf, Julicherstr. 25.
Straub, Walter, Geh. Hofrat, Prof. Dr., Freiburg i. Br., Katharinastr. 29.
Straubel, Rudolf, Prof. Dr. med. h. c. phil. et ing., Jena, Botzstr. 10.
Strauß, Artur, Dr. med., Barmen, Unterdörnerstr. 135.
Strauß, Benno, Prof. Dr., Essen, Abtlg.-Dir. b. d. Friedr. Krupp A.-G.
Strauß, Konrad, Obering., Berlin NW 6, Luisenplatz 2-4.
Strauß, Paul, San.-Rat Dr. med., Hannover, Sedanstr. 53.
Strauß, Siegmund, Ing., Wien XVII, Pointengasse 5.
Strecker, Karl, Dr., Heidelberg, Häußerstr. 32.
Streibel, Hans, Veterinärarzt, Mangschütz, Kr. Brieg.
Streißler, Eduard, Dr., a. o. Prof. f. Chirurgie, Graz, Riesstraße 1, Landeskrankenhaus St. Leonhard.
Streit, von, Wilh., Dr., Aachen, Wilhelmstr. 91.
Strobl, G. M., Obering., Dortmund 13 Eving, Preuß. Straße 11, I.
Stroebe, Herm., Prof. Dr., Prosektor a. Stadtkrankenhaus, Hannover, Herrenh. Kirchweg 19A.
Stroemer, Dr. med., Rüstringen II, Göckerstr. 76.
Strohe I, Heinr., Dr., Oberarzt d. chirurg. Abtlg. d. Alexianer Krankenhauses, Köln a. Rh., Rubensstr. 40.
Stromeyer, Fritz, Dr., Hannover, Königstr. 42.
Stroß, Wilhelm, Dr., Prag II, Deutsches Pharmakol. Inst., Albertro 7.
Stroux, Heinrich, Dr., Hamborn, Rathausstr. 12.
Strube, W., Dr. med., Altona a. E., Wohliro-Allee.
Struck, Rudolf, Prof. Dr. med., Lübeck, Ratzeburger Allee 14.
Struckmann, Chr., Dr. phil., Bremen, Contrescarpe 79.
Strübe, Karl, Dr., Köln a. Rh., Unt. Sachsenhausen 24.
Strunck, Dr. med., Düsseldorf, Dreifaltigkeitsstr. 1.
Struppler, Th., Hofrat, Dr., München, Karolinenplatz 6.
Stubenrauch, von, Ludwig, Univ.-Prof. Dr. med., München, Karlstr. 21, II.

Stuber, B., Dr., Prof. a. d. med. Klinik, Freiburg i. Br., Tivolistr. 15.
Stucken, Hans M., Dr. med., Bad Kissingen, Villa Habermann.
Stühmer, Alfred, Priv.-Doz., Dr., Oberarzt der Univ.-Hautklinik, Freiburg i. Br., Albertstr. 4.
Stuelp, Otto, San.-Rat Prof. Dr., Mülheim-Ruhr, Friedrichstraße 19.
Stupka, W., Priv.-Doz., Dr., Wiener Neustadt, Bismarckring 10, II.
Sturm, Alb., Dr., Rüdesheim a. Rh.
Sudeck, Paul, Prof. Dr. med., Hamburg 36, Fontenay 5.
Sudhoff, Karl, Geh. Med.-Rat Prof. Dr., Leipzig, Talstr. 38.
Süpfle, Karl, Prof. Dr. med., München, Lachnerstr. 3, III.
Sürig, Hermann, Stud.-Rat, Reichenbach i. Schl.
Sulze, Walter, Prof. Dr., Ass. a. physiolog. Inst., Leipzig-Stötteritz, Denkmalallee 96.
Szàsz, Otto, Prof. Dr., Mathem. Seminar d. Univ., Frankfurt a. M., Jordanstr. 17/25.
Szegö, G., Dr., Lichterfelde, Stubenrauchstr. 1.
Szily, von, Aurel, Dr., Prof. f. Augenheilkunde, Freiburg i. B., Weyerhofstr. 14.

Tachau, Paul, Dr., Braunschweig, Hennebergstr. 14.
Tacke, Prof. Dr., Geh. Reg.-Rat, Bremen, Moor-Versuchsstation.
Täger, H., Prof., Luckenwalde, Parkstr. 71.
Tammann, Gustav, Geh. Reg.-Rat, Prof. Dr. phil., Göttingen, Bürgerstr. 50.
Tams, E., Prof., Dr., Hamburg 23, Papenstr. 43.
Tandler, Julius, Prof. Dr., Wien IX, Universität.
Tannenberg, Joseph, Dr. med., Frankfurt a. M., Patholog. Inst. d. Univ.
Taubert, Erich, Stud.-Rat, Dr., Dessau, Städt. Handels-Realschule.
Tebrich, Max, Apothekenbes., Ellefeld i. Vogtl.
Temmler, Hermann, i. Fa. Temmler-Werke, vereinigte chem. Fabriken, Detmold.
Tennenbaum, M., Chemiker, Bln.-Oranienburg, Königsallee 41, II.

Tepelmann, Bernhard, Dr.-Ing. h. c., Teilhaber d. Fa. Vieweg & Sohn, Braunschweig, Viewegstr. 1.
Terplan, Konnel, Dr., Prag II, Deutsche Univ., Vetrnicka 2.
Tesch, Bruno, Dr., Hamburg, Lübecker Str. 35.
Teufel, Wilh. Jul., Komm.-Rat, Stuttgart, Neckarstraße 189-193.
Teuscher, F., Dr., Stabsarzt, Duisburg, Lennéstr. 6.
Teuscher, Paul, Dr. med., Weißer Hirsch b. Dresden, Thielaustr. 10.
Thaler, Hans, Prof. Dr., Wien VIII, Josefstädter Str. 21.
Thiel, Alfred, Prof. Dr. phil., Marburg, Weißenburgstr. 36.
Thiele, Geh. Med.-Rat Prof. Dr. med., Dresden-Klotzsche, Goethestr., Arbeitsministerium.
Thiele, F., Dr. med., Leipzig-Sell., Torgauer Str. 40a.
Thiele, H., Dr., Salzkotten i. W.
Thielemann, M., Dr., Meißen, Fürsten- u. Landesschule, Jüdenberg 2.
Thieme, Georg, Dr., Verlagsbuchhändler, Leipzig, Antonstraße 15.
Teisler, Emil, Dr., Dohna, Weesensteiner Str. 2.
Thiers, Otto, Ing., Dresden-A., Schandauer Str. 1a.
Thies, Joh., Dr., Leipzig, Emilienstr. 30.
Thöldte, Richard, Prof. Dr., Dessau, Askanische Str. 56.
Thöle, Friedrich, Prof. Dr., Hannover, Scharnhorststr. 1a.
Thönes, Dr., Leipzig, Physikal.-chem. Inst., Kinderklinik.
Thönes, Karl, Dr. med., Speyer, Allerheiligenstr. 43.
Thörner, Walter, Prof. Dr., Bonn a. Rh., Nußallee 11.
Thomas, Karl, Prof. Dr., Leipzig, Liebigstr. 16.
Thoms, Herm., Geh. Reg.-Rat, Prof. Dr. phil., Dir. d. Pharmac. Inst. d. Univ. Bln.-Dahlem, Steglitz, Hohenzollernstr. 6.
Thorbecke, F., Prof. Dr., Köln, Claudiusstr. 1, Geograph. Institut der Universität Köln.
Thorey, Max, Dr. med., Leipzig, Harkortstr. 6, II.
Thost, Arthur, Prof. Dr., Hamburg, Oberstr. 82.
Thost, Ernst J., cand. geogr., Stuttgart, Priv. Sternwarte, Johannesstr. 60.
Thürmel, E., Dir., Dr. phil., Bln.-Siemensstadt, Wernerwerk.
Tietze, Alexander, Primararzt, Prof. Dr., Breslau I, Ohlau-Ufer 6.

Tillmanns, Herm., Geh. Med.-Rat Prof. Dr., Leipzig, Leibnizstr. 268.
Tilmann, Otto, Geh. Med.-Rat Prof. Dr., Köln-Lindenthal, Krieler Str. 13.
Timerding, E., Prof. Dr., Braunschweig, Kasernenstr. 23.
Timm, Carl, Dr. med., Heilanstalt, Strecknitz b. Lübeck.
Timm, Fritz, Hochschulassistent, Leipzig-R., Hohenzollernstraße 12, III.
Tischner, Rudolf, Dr. med., Freising.
Tjaden, C., Ober-Med.-Rat Prof. Dr., Bremen, Dobben 91.
Tjebbes, K., Dr., Landskrona/Schweden.
Tobler, Friedrich, Prof. Dr., Dresden-A. 16, Stübelallee 2.
Tögel, Karl, Dr., Innsbruck, Sonnenburgstr. 5.
Toepffer Hellmuth, Dr. phil., Legationsrat, Unterstaatssekretär a. D., Finkenwalde i. Pom., Parkhaus.
Toldt, jun., K., Dr., Kustos-Reg. Rat a. Naturhist. Hofmuseum, Wien I, Burgring 7.
Torggler, Franz, Reg.-Rat, San.-Rat Prof. Dr., Klagenfurt/Österr., 10. Oktoberstr. Nr. 28.
Touton, Karl, Prof. Dr. med., Wiesbaden, Wilhelmstr. 38.
Tranjen, Joakim, Dr., Sofia, Luben-Karaweloffstr. 10.
Trapp, Willy, Dr. med., Bln.-Frohnau, Hohenheimer Str.
Tratz, E. P., Dr., Salzburg, Museum für Naturkunde.
Traube, I., Prof. Dr. phil., Charlottenburg, Schloßstr. 29.
Traugott, Marcel, Priv.-Doz., Prof. Dr. med., Frankfurt a. M., Feuerbachstr. 11.
Trautz, F. M., Dr., Bln.-Schöneberg, Innsbrucker Str. 37, II.
Trautz, Frau, Prof., Heidelberg, Untere Neckarstr. 32.
Trautz, Max, Prof. Dr. phil., Heidelberg, Mönchhofstr. 4a.
Travnicek, Milan, Graz, Pestalozzistr. 59, II.
Trebitsch, Hugo, Dr. med., Wien I, Stefaniplatz 2.
Trefftz, Erich, Prof. Dr. phil., Dresden, *Techn. Hochschule.*
Treibmann, Ernst, Dr. med., Leipzig, Gorgiring 10, I.
Treitel, Otto, Prof. Dr., Mannheim, G. 7,30/III.
Trendelenburg, Paul, Prof. Dr. med., Freiburg i. Br., Pharm. Inst. d. Univ.
Trendelenburg, W., Prof. Dr., Tübingen, Silcher Str. 8.
Treupel, Gust., Prof. Dr., Dir. d. med. Klinik Hospital z. heiligen Geist, Frankfurt a. M., Leerbachstr. 25.
Triebenstein, Dr., Klettwitz N.-L., Krankenhaus.

Trins, Dr., Scherfelde i. W.
Trömmer, E., Dr. med., Hamburg, An der Alster 49, Allg. Krankenhaus St. Georg.
Trommsdorf, H., Aachen, Crefelder Str. 95
Trubin, Anatol., Prof., Baku/Kaukasus, Universität.
Trümper, M. B., Frl., Vorst. d. Marienlyzeums, Hildesheim, Brühl 1a.
Truttwin, Hans, Dr.-Ing., Prag VII, Kostelni 18, III.
Tuch, Th., Dr. phil., Hamburg, Wallstr. 14, I.
Tuczek, Franz, Geh. Med.-Rat Prof. Dr., Berlin W 35, Potsdamer Str. 26b, Gartenhaus 3 Tr.
Tuczek, Karl, Dr. med., Heilanstalt Kennenburg b. Eßlingen i. Württ.
Türk, Martha, Dr. med., Frankfurt a. M., Myliusstr. 40.
Tuma, Josef, Prof. Dr., Prag I, Deutsche Techn. Hochschule.
Turstig, Robert, Swinemünde, Wetterwarte, Waldschloß.
Twerdy, Dr., Stuttgart, Königstr. 8.

Uffenheimer, Albert, Prof. Dr. med., Dir. d. Kinderklinik, Magdeburg.
Uffenorde, Prof. Dr. med., Marburg a. d. Lahn, Univ.-Ohrenklinik.
Uhink, W., Dr., Göttingen, Wiesenstr. 6.
Uhlmann, Ed., Prof., Dr., Jena, Maurerstr. 1a.
Uhlmann, Otto, Prof., Lübeck, Klaus-Groth-Str. 3.
Uhthoff, Wilh., Geh. Med.-Rat Prof. Dr., Breslau, Schweidn. Stadtgraben 16,
Ullrich, Otto, Stud.-Rat, Prof., Köln a. Rh., Roonstr. 40, III.
Ulmer, Fritz, Dr., Hamburg 19, Ottersbeckallee 6.
Ulmer, Theodor, Apothekenbes., Schongau i. Ob.-Bayern, Stadt-Apotheke.
Umlauf, Karl, Schulrat, Prof. Dr., Bergedorf b. Hamburg, Bebelstr. 33.
Unger, Ernst, Priv.-Doz., Dr. med., Chirurg. Privatklinik, Berlin W 35, Derfflingerstr. 21.
Unna, Karl, Dr. med., Bergedorf b. Hamburg, Wentorfer Straße 74.
Unna, Maria, Dr., Bergedorf b. Hamburg, Wentorfer Str. 74.
Unna, P. G., Prof. Dr. med., Hamburg, Osterstr. 129.
Unterstein, Walther, Charlottenburg, Kuno-Fischer-Pl. 14.

Urban, Gregor, Prof. Dr. med., Oberarzt d. chirurg. Abt. d. Marienkrankenhs., Hamburg, Feldbrunner Str. 23.
Urech, Friedr., Dr. phil., Aarau/Schweiz, Grabenstr. 28.
Usener, Stadtarzt Dr., Dessau, Antoinettenstr. 9.
Uter, Friedrich, Dr. med., Lübeck, Pferdemarkt 6.

Vagedes, Wilh., Dr. med., Hagen i. W., Südstr. 13.
Valentiner, Siegfried, Prof. Dr., Clausthal i. Harz, Bergakademie.
Valeton, J. J. P., Prof. Dr. phil., Breslau, Auenstr. 35.
Vallentin, Ernst, Dr. med., Berlin W 30, Luitpoldstr. 34.
Vater, Heinrich, Geh. Forstrat, Prof. Dr., Tharandt i. Sa.
Vehsemeyer, Hans, Dr., Berlin SW, Anhaltstr. 10.
Veiel, Fritz, Dr. med., Cannstatt-Stuttgart, Badstr. 2.
Velden, von den, Reinhard, Prof. Dr., Berlin W 30, Bamberger Str. 49.
Venzmer, Gerhard, Dr. phil. et med., Bergedorf b. Hamburg, Wentorfer Str. 42.
Verein Deutscher Düngerfabrikanten, Hamburg-Horn.
Verein deutscher Ingenieure, Berlin W 7, siehe Dir. Baurat D. Meyer.
Verkaufsvereinigung Göttinger Werkstätten, G. m. b. H., s. Vertr. Dr. Löwenstein.
Vermehren, Hellmuth, Dr., Bln.-Charlottenburg, Wilmersdorfer Str. 72.
Versé, Max, Prof. Dr. med., Marburg a. d. Lahn, Weißenburger Str. 15.
Versuchsanstalt für Getreideverarbeitung G. m. b. H., Berlin N 65, s. Dir. Prof. Dr. M. P. Neumann.
Verth, zur, Max, Prof. Dr., Marine-Oberstabsarzt, Altona-Othmarschen a. Elbe, Dürerstr. 13.
Vetter, Arthur, Revisor des Verbandes d. Landwirtschaftl. Genossenschaften, Dresden-A., Bernhardstr. 101.
Vierhapper, Friedrich, Prof. Dr., Wien III, Fasangasse 38.
Vieth, Gerhard, Dr., Köln a. Rh., Brüderstr. 7.
Villiger, V., Dr., Ludwigshafen, a. Rh., Bad. Anilin- u. Sodafabrik.
Villinger, Arnold, Dr. med., Altona a. Elbe, Blücherstr. 33.
Vocke, Friedr., Ober - Med. - Rat, Dir., Dr., Eglfing b. München, Kreis-Irrenanstalt.

Völcker, Friedr., Prof. Dr. med., Halle a. S., Reichardtstraße 10.
Völker, F., Dr., Neu-Rößen b. Merseburg a. S., Schillerstraße 15.
Vogel, Prof. Dr., Berlin SW 48, Wilhelmstr. 9.
Vogel, Martin, Dr., Kustos- u. Abt.-Vorstand, Dresden-A., Deutsches Hygiene-Museum, Zirkusstr. 38/40.
Vogel, Simon, San.-Rat Dr., Charlottenburg, Berliner Straße 153.
Vogt, Emil, Priv.-Doz., Dr. med., Oberarzt d. Univ.-Frauenklinik, Tübingen.
Vogt, Hans, Prof. Dr. med., Rünthe, Kr. Hamm i. W.
Vohsen, Karl, Geh. San.-Rat Dr. med., Frankfurt a. M., Westendstr. 70.
Voigtländer, Gg., Dr., Heidelberg, Zoolog. Institut.
Voigt, Stud.-Rat, Dr., Lübeck, Staatl. Lyzeum a. Falkenpl.
Voit, Fritz, Geh. Med.-Rat Prof. Dr., Gießen, Universität.
Volhard, Franz, Prof. Dr. med., Halle a. S., Neuwerk 20.
Volkmann, Johannes, Dr. med., Priv.-Doz. d. Chirurgie, Chir. Univ.-Klinik, Halle a. S., Magdeburger Str. 18.
Vollmer, Conrad, Stud.-Rat, Dr., Leipzig-Gohlis, Pölitzstraße 30, I.
Vollmer, Emil, Med.-Rat Dr., Kreuznach, Ludendorffstraße 20.
Vollradt, Georg, San.-Rat Dr. med., Rügenwalde a. Ostsee.
Volpé, J. M., Dr. med., Primararzt, Riga/Lettland, Freiheitsstr. 15 W. 21.
Voltz, Dr., München, Frauenklinik, Maistr. 11.
Vonderbeck, Theodor, Stud.-Ass., Paderborn, Detmolder Straße 21.
Vondevlage, Balduin, cand. med., Hamburg, Schumannstraße 26.
Vontz, Oskar, cand. med., Aachen, Bismarckstr. 27.
Vorländer, Daniel, Prof. Dr. phil., Halle a. S., Robert-Franz-Str. 10a.
Vorschütz, Joh., Dr., Elberfeld, Königstr. 89a.
Voß, Gottfried, Dr. med., Düsseldorf, Tonhallenstr. 9.
Voß, Prof. Dr., Düsseldorf, Wagnerstr. 42.
Voß, Otto, Prof. Dr., Dir. d. Univ.-Ohrenklinik, Frankfurt a. M.
Voßhage, Kreistierarzt, Veterinärrat, Dr., Meschede.

Voswinkel, Karl, Dr. med., Bad Driburg.
Votsch, Stud.-Rat, Dr., Delitzsch, Eilenburger Str. 4.

Wachholder, Dr., Breslau-Zimpel, Elsterweg 23.
Wachsmuth, Rich., Reg.-Rat, Prof. Dr. phil., Frankfurt a. M., Grillparzerstr. 83.
Wadewitz, Martin, Dr., Kelsterbach b. Frankfurt a. M.
Wächter, Dr., Mülheim a. d. Ruhr, Dohne 34.
Wachter, Franz, Dr. med., Frankfurt a. M., Untermainkai 6.
Wälder, Robert, Dr., Wien I, Wipplinger Str. 21.
Wagener, Hugo, Dr., Oberstabsarzt, Generaloberarzt, Mainz, Rheinallee 15/16.
Wagenmann, Aug., Geh. Hofrat, Med.-Rat, Prof. Dr. med., Heidelberg, Bergstr. 80.
Wagner, Med.-Rat Dr., Gießen, Licherstr. 106.
Wagner, Carl, Stud.-Rat, Frankfurt a. M., Körnerwiese 21.
Wagner, Elfriede, Lehrerin, Leipzig-Co., Elisenstr. 147.
Wagner, Fritz, Dr. med., Karlsbad, „Continental" a. Markt.
Wagner, K. W., Prof. Dr., Bln.-Lankwitz, Luisenstr. 1.
Wagner, Richard, Dr., Wien IX, Lazarettgasse 14, Kinderklinik.
Wagner-Hohenlobbesse, Ernst, Dr., Dresden-N. 6, Georgenstraße 4.
Wahl, Bruno, Priv.-Doz., Inspektor, Dr., Wien II/1, Trunner Str. 1.
Wahl, Emil, Dr., Leipzig, Lange Str. 16, III.
Wahlert, Franz, Dr. med., Recklinghausen i. Westf.
Wakenhut, Alfred, Dr. phil., Seelze b. Hannover, Ulmenstraße 2.
Walbaum-Zoellner, Paula, Frau Dr. med., Chemnitz, Friedrich-August-Str. 4.
Walden, P., Prof. Dr., Rostock i. Mecklbg., Friedr.-Franz-Straße 30, II.
Waldmann, Prof. Dr., Greifswald, Bahnhofstr. 31.
Walger, Med.-Rat Dr., Gießen, Gartenstr. 19.
Walliczek, Kurt, San.-Rat Dr., Breslau, Blumenstr. 6, II.
Wallwitz, von, Joachim, Graf, Dipl.-Ing., Niedergurig b. Bautzen.
Walte, W., Prof. Dr., Hamburg, Grindelhof 62.
Walter, Hermann, Dr., Leipzig-Möckern, Eckardtstr. 1, I.

Walterhöfer, Prof. Dr., Berlin W 15, Fasanenstr. 48.
Walther, Hans, Dr. med., Dresden 8, Böhmertstr. 4.
Walther, v., Reinh., Freiherr, Prof. Dr. phil., Freiberg i. Sa.
Walz, H., Prof. Dr., Hameln a. W., Wettorstr. 12a.
Walzer, Felix, Dr. med., Bad Nauheim.
Wandel, Oskar, Prof. Dr. med., Leipzig - Eutritzsch, Krankenhaus St. Georg.
Wandrowsky, Benno, Dipl.-Ing., Dresden-A. 24, Bismarckplatz 18.
Wanner, Ernst, Dr., Cannstatt, Karlstr. 9.
Wapler, Hans, Dr. med., Leipzig, Sidonienstr. 53.
Warburg, Emil, Wirkl. Geh. Oberreg.-Rat, Prof. Dr., Charlottenburg, Marchstr. 25b.
Warda, Wolfgang, San.-Rat Dr. med., Blankenburg i. Th.
Warschauer, Fritz, Patentanwalt, Dr., Berlin SW 61, Gitschiner Str. 111.
Wasicky, Richard, Prof. Dr., Wien I, Univ., Pharmakognostisches Institut.
Wasielewski, v., Theodor, Prof. Dr. med., Rostock, Augustenstr. 112, Hygien. Institut.
Wasmann, E., S. J., Prof. Dr., Aachen, Kurbrunnenstr. 42.
Wastl, Helene, Dr., Ass. a. physiol. Inst., Wien IX/2, Schwarzspanierstr. 17.
Webendoerffer, i. Fa. Friedrich Vieweg & Sohn, Verlagsbuchhandlung, Braunschweig.
Weber, A., Prof. Dr., Bad Nauheim.
Weber, Erich, Dr. phil., Leipzig, König-Johann-Str. 8, I.
Weber, G. H., Dr. med., Rostock i. M., Physiolog. Inst. d. Univ., Gertrudenstraße.
Weber, Hannes, Dr. med., Zittau i. Sa., Bismarckallee 12, I.
Weber, Hermann, Geh. San.-Rat Prof. Dr. med., Berlin W 50, Achenbachstr. 2.
Weber, Moritz, cand. med., Bln.-Nicolassee, Lückhoffstr. 19.
Weber, Rudolf, Dr. med., Köln a. Rh., Moltkestr. 137, III.
Weber, Wilh., Dr., Göttingen, Steinsgraben 13.
Wecken, Friedrich, Dr. phil., Oetzsch b. Leipzig, Hauptstraße 76.
Wedding, Dr., Bochum i. Westf., Bergmannsheil.
Wedemeyer, Bln.-Schlachtensee, Heimstättenstr. 5.
Wegelin, Carl, Prof. Dr., Bern, Falkenhöheweg 20.

Wegener, Dr., Horn/Lippe.
Wegener, Dr. med., Chefarzt d. Diakonissenhs., Kassel.
Wegener, Arthur, Dr., Generaloberarzt a. D., Chemnitz, Henriettenstr. 59, I.
Wegner, Dr., Kassel, Kaiserplatz 31.
Wegscheider, Rud., Prof. Dr. phil., Wien VIII/2, Krotenthallergasse 6.
Wehl, Otto, Dr. med., Hannover, Wilhelmstr. 7.
Wehnelt, Arthur, Prof. Dr. phil., Friedenau b. Bln., Fregestraße 26, II.
Wehrsig, Prosektor, Dr., Aachen, Salierallee 32.
Weichardt, Wolfgang, Prof. Dr., Erlangen, Löwenichstr. 24.
Weickert, Otto, Dr., Höchst a. M., Kl. Brüningstr. 23.
Weickmann, L., Prof. Dr., Leipzig, Denkmalsallee 110.
Weicksel, Johannes, Dr. med., Oberarzt u. Priv.-Doz., Leipzig, Med.-Univ.-Poliklinik.
Weidenbach, Oswald, Prof. Dr., Gießen, Kaiseralle 7.
Weidenreich, Franz, Prof. Dr., Mannheim P. 7. 21
Weidert, Prof. Dr., Dir. i. Fa. Optische Anstalt C. P. Goerz A.-G., Berlin-Friedenau, Privat: Zehlendorf - West, Goethestr. 9.
Weigeldt, Walther, Dr. med., Ass. a. d. Mediz. Univ.-Klinik, Leipzig, Gottschedstr. 18.
Weigert, Fritz, Prof. Dr., Leipzig, Kronprinzenstr. 1c.
Weigold, Hugo, Dr. phil., Hannover, Provinzialmuseum.
Weil, Richard, Dr., Hannover, Rotermundstr. 29.
Weiler, Dr., Worms, Liebenauer Str. 48.
Weiler, Margarethe, Frl. Dr., Dresden, Zöllnerstr. 13.
Weinberger, Alfred, Dr. med., Stabsarzt, Röschitz, Bez. Horn/Niederösterr.
Weinhold, Alexander, Dr., Leipzig-Lind., Karl-Heine-Str. 54.
Weinhold, Lothar, Dr., Prof. a. d. Staatl. Gewerbeakademie Chemnitz.
Weinhold, Max, Dr., Plauen i. Vogtl.
Weinholzer, G., Dr. med., Passau, Sedanstr. 2.
Weinmann, Fritz, Dr., Prag XII, Nerudova 28, II, b. Dr. Eisner.
Weinrich, Theodor, Dr., Mülheim-Broich, Königstr. 5.
Weinzierl, v., Egon R., Dr., I. Ass. Deutsche Frauenklinik, Prag II, Apolinarskal 3.
Weis, Alfred, Dr., Leipzig-R., Nostizstr. 43.

Weis, Erich, Stud.-Rat, Leipzig-Reudnitz, Nostizstr. 43.
Weisbach, Walter, Privat.-Doz., Dr. med., Halle a. S., Alte Promenade 23.
Weischer, Theodor, San.-Rat Dr. med., Köln a. Rh., Oberländerufer 186.
Weise, W., Dr., Hamburg 4, Tropeninstitut.
Weiser, Rudolf, Prof. Dr. med., Wien IX, Frankgasse 2.
Weishut, Fritz, Dr., Bln.-Schlachtensee, Augustastr. 11.
Weiß, Edmund, Dr., Charlottenburg 4, Gervinusstr. 16.
Weiß, Paul, Dr., Biolog. Versuchsanst. d. Akademie d. Wissenschaften, Wien XIX, Strassergasse 13.
Weiß, R. F., Dr. med., Sanatorium Woltersdorf b. Erkner-Berlin.
Weiß, Vikt., Dr. phil., Wien VI, Schmalzhofgasse 12.
Weiß, W., Dr., Hamburg 4, Tropeninstitut.
Weißberger, Arnold, Dr., Leipzig, Südstr. 45, I.
Weißenberg, Apoth., i. Fa. Schweizer Apoth. Max Riedel, Berlin W 8, Friedrichstr. 173.
Weisweiler, C., Stud.-Rat, Neuß, Jülicher Str. 68.
Weitbrecht, Otto, Ulm, Mühlsteig 2.
Weitz, Prof. Dr., Tübingen, Wildermuthstr. 4.
Weitz, Ernst, Prof. Dr., Halle a. S., Wettinerstr. 30.
Weleminsky, Friedrich, Doz., Dr. med., Prag-Smichow, Kralovska 58.
Weller, Albert, Dir., Dr., Frankfurt a. M.-Süd, Darmstädter Landstr. 52.
Wendel, Walther, Prof. Dr., Magdeburg - Sudenburg, Humboldtstr. 14.
Wendt, Ida, Dr. med., Neu-Isenburg/Hess., Friedensallee 68.
Wendt, W., Dr. med., Kattowitz, Friedrichstr. 6.
Wendt, Walther, Dr. med., Leipzig, Liebigstr. 14.
Wentscher, Joh., Dr., Mülheim a. d. Ruhr, Wilhelmsplatz 8.
Werner, August, Med.-Rat Dr. med., Heppenheim a. d. Bergstraße.
Werner, Franz, Dr., Graz, Triesterhof, Alpenländ. Impfstoffwerk.
Werner, Joh., Dr. med., Sanator. Birkenhof b. Greiffenberg i. Schles.
Werner, Rudolf, Generaloberveterinär a. D., Perleberg.
Wertheimer, Alfred, Dipl.-Ing., Dr., München, Finkenstraße 3, Wittelsbacherplatz.

Werther, Johannes, Prof. Dr., Dresden-A. 24, Reichstr. 21.
Wesener, Felix, Prof. Dr. med., Dirig. Arzt d. Elisabeth-Hospitals, Aachen, Monheimsallee 47.
Wessing, Robert, Dr. med., Niedermarsberg i. Westf.
Westberg, Friedr., Dr. med., Hamburg, Neuer Wall 32, I.
Westenhöfer, Prof. Dr., Zepernick b. Berlin, Schweizerberge, Rütlistr. 19.
Westfälische Berggewerkschaftskasse Bochum, siehe Dr. Heise.
Westhoff, Theodor, Dr., Vertrauensarzt d. Seeberufsgenossenschaft u. d. Norddeutschen Lloyd, Bremen, Contrescarpe 80.
Weth, von der, Gerhard, Dr. med., Berlin NW, Invalidenstraße 103a, Charité.
Westphal, Alex., Geh. Med.-Rat Prof. Dr., Bonn, Kölnstraße 206.
Wettstein v. Westersheim, Hofrat, Prof. Dr., Dir. d. botan. Gartens, Wien III, Rennweg 14.
Wetzel, Georg, Univ.-Prof. Dr. med., Halle a. S., Anatom. Inst., Weidenplan 11, I.
Wever, Dr. phil., Düsseldorf, Yorckstr. 3.
Weygandt, Wilh., Prof. Dr. med. et phil., Dir. d. Anstalt Friedrichsberg, Hamburg 22, Friedrichsberger Str. 60.
Weygold, Dr., Mörs, Ostring 12.
Weyl, Adolf, Dr. med., Gießen, Liebigstr. 32.
Weyl, J., Dr. med., Düsseldorf, Bleichstr. 20.
Wibaut, J. P., Prof. Dr., Amsterdam/Holl., Linnparkweg 110.
Wichdorff, von, Hans Hess, Bergrat Dr., Preuß. Bezirksgeologe, Berlin N 4, Invalidenstr. 44.
Wichert, Benno, Dr., Wiesbaden, Wilhelmstr. 20.
Wichmann, Paul, Dr. med., Hamburg, Oberstr. 34.
Widekind, v., Elisabeth, Frau Dr., Berlin W 35, Potsdamer Str. 105a.
Widekind, v., Fr., Dr., Berlin W 35, Potsdamer Str. 105a.
Wiegand, Dr., Clausthal a. Harz, Rollstr. 263.
Wiegandt, Ernst, Dr., Leipzig, Haydnstr. 10.
Wiegner, Georg, Prof. Dr., Zürich/Schweiz, Adlisbergstr. 92.
Wieland, Emil, Prof. Dr. med., Basel, Gellertstr. 6.
Wieland, Hermann, Prof. Dr., Königsberg, Pharmakol. Inst., Kopernikusstr. 3/4.
Wieland, H., Prof. Dr., München, Arcisstr. 1.

Wieleitner, H., Oberstud.-Rat, Dr., Augsburg, Werderstr. 1.
Wien, Max, Geh. Hofrat, Prof. Dr., Jena, Ob. Philosophenweg 50.
Wien, Wilhelm, Geh. Hofrat, Univ.-Prof. Dr., München, Leopoldstr. 9.
Wiener, H., Prof. Dr., Darmstadt, Grüner Weg 28.
Wiener, Otto, Geh. Hofrat, Prof. Dr., Leipzig, Linnéstr. 4.
Wienert W., Dr. med., Münster i. W., Achtermannstr. 12.
Wiese, O., Dr. med., Chefarzt d. Kinderheilstätte Landeshut i. Riesengeb.
Wiesner, Dipl.-Ing., Aschaffenburg, Stiftsgasse 9.
Wiesner, Bernhard, San.-Rat Dr. med., Aschaffenburg, Frohsinnstr. 16.
Wigge, Heinrich, Prof. Dr., Cöthen i. Anhalt, Physikal. Institut.
Wietzke, A., Stud.-Rat Dr. phil. nat., Bremen, Celler Straße 16.
Wilckens, Rudolf, Dr., Hannover, Sallstr. 31, I.
Wilde, Leopold, Architekt, Krefeld, Von-Beckerath-Str. 16.
Wilhelm, Hermann, Stud.-Rat Dr. phil., Bautzen, Bahnhofstraße 15.
Wilhelmy, A., San.-Rat Dr., Bonn, Kreuzbergweg 4.
Will, Friedrich, Stud.-Rat, Coblenz, Schubertstr. 12.
Wille, Dr., Berlin NW 6, Frauenklinik i. d. Charité.
Willemer, Wilh., Ober.-Med.-Rat Dr., Ludwigslust i. Mcklbg.
Willems, Emil, Dr. med., Köln-Niehl, Fürstenbergstr. 112.
Willer, Dr. med., Greifswald, Mühlenstr. 30, I.
Willige, Hans, Prof. Dr., Ilten b. Hannover.
Willstätter, Richard, Geh. Rat, Prof. Dr. phil. et med. h. c., München, Arcisstr. 1.
Wilmanns, Richard, Dr., Chirurg d. Diakonissenanstalt Sarepta, Bethel-Bielefeld.
Wilson, Karl, Geh. Justizrat, Marburg a. L., Bingenstr. 48.
Wimmer, Joseph, Ing., Landesoberbaurat, Mödling b. Wien, Engersdorfer Str. 15.
Wimmer, Karl, Dir., Ing., Bremen, Holzhafen, Kaffee-Handelsges.
Windaus, A., Prof. Dr., Göttingen, Dahlmannstr. 5.
Winderlich, Rudolf, Prof. Dr., Oldenburg, Lange Str. 71.

Windisch, Johannes, Stud.-Rat, Halberstadt, Spiegelberger Weg 12.
Windmüller, P., Dr. med., Hamburg, Esplanade 40.
Winkler, Stud.-Rat, Dr. phil., Leipzig, Thomasiusstr. 26.
Winkler, von, Arthur, Priv.-Doz., Dr., Wien IV, Johann-Strauß-Gasse 11.
Winkler, Fritz, Dr., Ludwigshafen a. Rh.
Winkler, H., Prof. Dr., Hamburg 36, Jungiusstr. 6.
Winkler, Herbert, Dr. phil., Leipzig-A.-C., Weißenburgstraße 2, I.
Winkler, Rud., Chemiker, Außig a. Elbe, Marktplatz 11.
Winter, Daniel, Dr., Bad Reichenhall, Ludwigstr. 29.
Winter, Fritz, Dr., Brünn/Tsch.-Slow., Kapuzinerplatz 15.
Winterhalter, W., Elisabeth, Frau Dr. med., Hofheim a. Taunus.
Wintermann, Dr. med., Oldenburg, Brennerstr. 40.
Winternitz, Hugo, Prof. Dr. med., Halle a. S., Margaretenstraße 2a.
Winterstein, Hans, Prof. Dr., Rostock i. M., Reifergraben 3.
Wintgen, Robert, Prof. Dr., Köln-Lindenthal, Bachemerstraße 270, II.
Wintz, Hermann, Prof. Dr. med. et phil., Erlangen, Dir. d. Univ.- Frauenklinik.
Wirth, A., Dr. med., Landeshut i. Schles., Volksheilstätte.
Wirth, Alfred, Dr., Chem. Untersuchungsanst., Leipzig, Windmühlenstr. 46.
Wirth, D., Prof. Dr., Wien III, Tierärztl. Hochschule.
Wirtinger, Wilh., Prof. Dr., Wien XVIII. Köhlergasse 26.
Wirz, Robert, Winterthur/Schweiz, St. Georgenstr. 29.
Wislicenus, Hans, Dr., Prof. a. d. Sächs. Forstakademie, Tharandt i. Sa.
Wissemann, Konr., San.-Rat Dr. med., Gelsenkirchen, Hochstr. 33.
Wissmann, Reinhold, Priv.-Doz., Dr. med., 1. Ass. a. d. Univ.-Augenklinik, Erlangen, Universitätsstr. 28.
Witte, Dr., Merseburg, Ammoniakwerk, Post Leunawerke.
Witte, G., Dr. med., Bielefeld, Herforder Str. 36.
Witte, Johannes, Dr. med., Hannover, Eichstr. 16.
Witting, Alexander, Prof. Dr., Dresden-Strehlen, Waterloostraße 13.
Wittka, F., Dr., Außig/Böhmen, Goethestr. 13, I.

Wittmack, L., Geh. Med.-Rat Prof. Dr. phil. Dr. d. Landw. h. c. Dr. med. vet. h. c., Lichterfelde-Ost, Hobrechtstraße 10.

Witzel, Gustav, Dr., Ludwigshafen a. Rh., Hohenzollernstraße 68.

Wöhler, L., Prof. Dr., Leiter d. Chem. Inst. d. Techn. Hochschule, Darmstadt, Herdweg 56.

Woelm, Arthur, San.-Rat Dr., Peterswaldau, Bez. Breslau.

Woelm, M., Apotheker, Spangenberg, Bez. Kassel.

Wölffing, Ernst, Prof. Dr. phil., Stuttgart, Hackländerstraße 38.

Wörner, Alf., Geh. San.-Rat Dr., Dirig. Arzt d. Spitals Schwäb. Gmünd.

Wohl, Alfred, Prof. Dr., Danzig-Langfuhr, Hauptstr. 113.

Wohl, Kurt, Dr., Bln.-Grunewald, Hohenzollerndamm 65/66, b. Frau Dr. Siebert.

Wolf, Dr., Braunschweig, Münzstr. 9.

Wolf, Kurt, Prof. Dr. med., Dir. d. Hygien. Inst., Tübingen, Gartenstr. 81.

Wolf, Oskar, Dr. med., Cannstatt, Taubenheimer Str. 25.

Wolf, P., Dr., Dirig. Arzt d. Krankenhs. Rüdersdorf b. Kalkberge/Mark.

Wolfes, Otto, Dr., Chemiker, Darmstadt, Hoffmannstr. 49.

Wolff, Albert, Berlin SW 11, Hedemannstr. 13/14.

Wolff, B., Frl., Dr. med., München, Klarstr. 12.

Wolff, Georg, Dr. phil., Oberlehrer, Hannover, Wiesenstraße 58a.

Wolff, Günther, Dr. med., Vol.-Arzt d. 2. Chirurg. Abt. d. Rud.-Virchow-Krankenhs., Berlin N 65, Augustenburger Platz.

Wolff, Hans, Dr., Dresden 16, Bönischplatz 21, II.

Wolff, Hans-Wilhelm, Dr., Halle a. S., Gütchenstr. 20, hpt.

Wolff, Paul, Dr. med. et phil., Berlin NW 23, Altonaer Straße 7.

Wolff, Walter, Dr. phil., Elberfeld, Simonsstr. 112.

Wolff, Walter, Dr., Ass. a. Kaiser-Wilh.-Inst. f. phys. Chemie, Bln.-Dahlem, Priv.: Berlin NO 43, Neue Königstr. 70.

Wolffberg, Louis, Geh. San.-Rat Dr., Breslau, Schloßpl. 9.

Wolffenstein, R., Prof. Dr., Bln.-Dahlem, Luciusstr. 7.

Wolfgang, Hermann, Ziv.-Ing., gerichtl. vereidigt. Sachverständiger, Pforzheim, Bleichstr. 22.
Wolfram, Arthur, Städt. Vet.-Rat, Dresden 23, Trachenberge, Weinbergstr. 4, II.
Wolfsberg, Oskar, Dr. med., Berlin W 50, Passauer Str. 22.
Wolfsohn, Georg, Dr. med., Berlin W 15, Schaperstr. 19.
Wollenberg, G. A., Prof. Dr. med., Berlin W 50, Lutherstraße 47.
Wollenberg, Robert, Geh. Med.-Rat Prof. Dr., Breslau XVI, Auenstr. 42.
Wollenweber, Max, Dr. med., Bonn, Meckenheimer Allee 11.
Wollheim, Dr., Berlin NW, Schumannstraße, Charité.
Wolter, Friedr., Dr., Hamburg 5, Beim Strohhause 50.
Wolter, Helmut, Apotheker, Dresden-N. 6, Katharinenstraße 1, II.
Wolter, Kurt, Dr., Kreuzlingen, Kanton Thurgau, Geißbergstraße 28.
Wolters, Dr., Dir. d. Bakteriolog. Inst. d. Anhalt. Kreise, Dessau, Herzogin-Marie-Platz, Bakt. Institut.
Wolters, Cl., San.-Rat Dr. med., Rheine i. Westf., Poststraße 5.
Wrede, E., cand. phys., Hamburg, Jungiusstr. 9.
Wrede, Ludwig, Prof. Dr. med., Leit. Arzt a. Landeskrankenhaus Braunschweig, Wendentorwall 11a.
Wüstenberg, Dr. med., Saarbrücken 3, Reichsstr. 1.
Wüstner, Dr., Chemnitz, Bernsdorfer Str. 38.
Wullstein, Prof. Dr. med., Essen-Ruhr, Dreilindenstr. 41.

Zacharias, Max, Stud.-Rat Dr., Berlin NW 52, Melanchthonstraße 27.
Zacher, Stud.-Rat, Leipzig-Reudnitz, Konstantinstr. 12.
Zacherl, Hans, Dr., Graz, Landeskrankenhaus, Frauenklinik, Riesstr. 1.
Zachringer, Ernst, München, Albanistr. 6, II.
Zade, Prof. Dr., Leipzig, Windmühlenweg 25.
Zade, H., Dr. med., Immigrath a. Niederrh., Solinger Str. 176.
Zahn, W., Prof. Dr., Jena, Kaiser-Wilhelm-Str. 34.
Zaloziecki, Alexis, Dr., Czernowitz i. Rumänien, Russ. Gasse 19.
Zange, Johannes, Prof. Dr., Graz, Beethovenstr. 25.

Zangemeister, Wilh., Prof. Dr. med., Marburg a. Lahn, Bismarckstraße.
Zangger, Heinrich, Prof. Dr., Dir. d. gerichtl. med. Inst., Zürich VII, Bergstr. 25.
Zart, Dr., Kelsterbach bei Frankfurt a. M.
Zaudy, Karl, Dr. med., Düsseldorf, Bismarckstr. 98.
Zdansky, Erich, Dr. med., Wien IX, Lazarettgasse 14.
Zehl, O., Dr., Eilenburg, Kastanienallee.
Zeil, E., Dr., Chemnitz-Altendorf, Landesanstalt.
Zeiß, Erich, Dr. med., Merxhausen, Bez. Kassel.
Zeißler, Johann, Dr., Altona a. Elbe, Bebelallee 29.
Zekert, O., Lektor, Wien III, Göschlgasse 8.
Zeller, Oskar, Prof. Dr. med., Chirurg, Geheimrat, Berlin-Wilmersdorf, Hohenzollerndamm 192
Zencominierski, C., Dr., Bad Charlottenbrunn i. Schles.
Zenneck, J., Prof. Dr., München, Techn. Hochschule, Gedonstr. 6, III.
Zetzsche, Fritz, Dr., Bern, Tilliestr. 4.
Zeynek, v., Rich., Hofrat, Prof. Dr., Prag II, Salmgasse 3.
Ziegler, Dr., Reg.-Veterinärrat, Dresden-A. 16, Haydnstr. 15.
Ziegler, J. H., Dr., Zürich I, Talstr. 29.
Ziegler, Otto, Dr. med., Heidehani b. Hannover.
Zieler, Karl, Prof. Dr. med., Dir. d. dermatolog. Univ.-Klinik u. Poliklinik, Würzburg, Schönleinstr. 3, I.
Ziemendorff, Gottfr., Dr. med., Arnswalde, Krankenhaus.
Zierl, H., Dr., Observator d. Landeswetterwarte, München, Kellerstr. 3, II.
Zierler, Franz, E., Zahnarzt, Hamburg, Johnsallee 34.
Ziesché, H., Dr., Primararzt, Breslau II, Neue Teschenstraße. 32.
Zimlich, Ferdinand, Dr., Bensheim/Hessen, Darmstädter Straße 15.
Zimmer, Ernst, Stud.-Rat, Lübeck, Bäckerstr. 13.
Zimmermann, Alfred, Prof. Dr., Kiel, Karolinenweg 15.
Zimmermann, Walter, Anstaltsapotheker, Illenau, Post Achern i. Baden.
Zimmermann, Wilhelm, Friedrichsfelde i. Baden, Fabrikstraße 39.
Zinn, Wilhelm, Prof. Dr. med., Berlin W 62, Lützowplatz 5, I.
Zinner, Ernst, Dr., München, Innstr. 6.

Zintl, Eduard, Dr., München, Franz-Joseph-Str. 42.
Zipfel, Hugo, Dr., Leipzig, Alexanderstr. 18.
Zoepf, Lud., Dr., Wiss. Hilfsarbeiter a. d. Universitäts-Bibliothek Tübingen.
Zoeppritz, Richard, Dr. med., Memmingen i. Bayern, Neulzer Str. 18.
Zollner, Werner, Dr., Innsbruck, Adolf-Pichler-Str. 7.
Zondeck, S.G., Priv.-Doz., Dr., Berlin NW, Siegmundshof 7.
Zorn, Dr. med., Düsseldorf, Wülfrather Str. 4.
Zorn, August, Dr. med., Bottrop i. Westf., Prosperstr. 238.
Zschaage, Walter, Dipl.-Ing., Frankenhausen a. Kyffh., Klosterstr. 40.
Zucker - Raffinerie Hildesheim G. m. b. H., Vertreter Komm.-Rat A. Siegert, Hildesheim.
Zuleger, Dr. med., Ehrenfriedersdorf i. Erzgeb.
Zur Mühlen, von, Gerhard, Dr., Reval/Finnl., Johannisstraße 9.
Zurhelle, Erich, Prof. Dr. med., Aachen, Boxgraben 64.
Zweifel, Erwin, Priv.-Doz., Dr. med., München, Maistr. 11.
Zweifel, Paul, Geh. Rat, Prof. Dr., Leipzig, Schlegelstr. 4, II.
Zwick, Prof. Dr., Gießen, Asterweg 32.

Nachtrag:

Engel, Anton, Dr. med., prakt. Arzt, Kitzbühel (Tirol).

MIX
Papier aus verantwortungsvollen Quellen
Paper from responsible sources
FSC® C105338

If you have any concerns about our products,
you can contact us on
ProductSafety@springernature.com

In case Publisher is established outside the EU,
the EU authorized representative is:
**Springer Nature Customer Service Center GmbH
Europaplatz 3, 69115 Heidelberg, Germany**

Printed by Libri Plureos GmbH
in Hamburg, Germany